前言

在美国，有一所让全美乃至全世界学生向往的学府，它就是哈佛大学。哈佛是每个学子心中最高的知识殿堂，哈佛大学创办于1668年，在美国的大学中可谓历史悠久。因此，在美国人的观念里，先有哈佛，后有美国。

哈佛总部位于波士顿的剑桥城，它是美国最早的私立大学之一，以培养研究生和从事科学研究为主的综合性大学。

三百多年来，哈佛培养了很多名人，其中就包括8位美国总统、40位诺贝尔奖得主、30位普利策奖得主以及各行各业的精英。

然而，哈佛学子之所以能成为各行业的精英，并不是因为他们是天才，而是他们比一般人付出了更多的努力。

如果你去过哈佛大学，你一定会这样感悟：哈佛的学生太苦了。曾经有一家英国的电视台到哈佛做过专访，他们发现：在凌晨四点半的哈佛大学图书馆里，灯火通明，座无虚席……

当然，哈佛人的精神不仅仅体现在努力、刻苦上，一直以来，哈佛不仅是一种学术象征，更是一种文化象征，这就如哈佛大学校长德鲁·吉尔甲·福斯特说："哈佛大学教育的目的，不是要训练学生成为某一方面的专家，有一份特定的工作，而是要让他们在不确定的充满变化的情形下有应变能力，能够'即兴表演'。"

事实上，哈佛教授一直坚持的是个性化的教学风格，始终不遗余力地引导学生为理想、为实现人生价值不懈追求和奋斗。也正是这种生生不息的精神熏陶，哈佛培养出来的学生才成了具有人文素质和责任感、能真正服务于社会的有用人才。

如今，很多人开始研究哈佛学子成功的原因，以此来指引自己，让自己在人生路上少走弯路。美国著名牧师内德·兰赛姆在94岁临终时留下这样一句遗言，经常被哈佛人提及，“假如时光可以倒流，世上将有一半的人成为伟人”。的确，一个人的命运，取决于他的思想认识和人生态度。

因此，每个青少年朋友都有必要用心拜读这本书，其中的智慧是指引你一生的航标。本书不仅集中阐述了哈佛人成功的人生经验，更分析了哈佛课堂上教授们的警世名言。相信在品读完这本书后，你一定有种斩获丰盈的感觉，让你即使不亲临哈佛，也能感受到哈佛高深文化。

编著者

2014年6月

苏奕霏◎编著

Harvard

假如你的青春在哈佛——

哈佛凌晨

给青少年的启示

体会哈佛凌晨状态，锻造成长阳光心态
同步哈佛成才节奏，迈开人生成功步伐

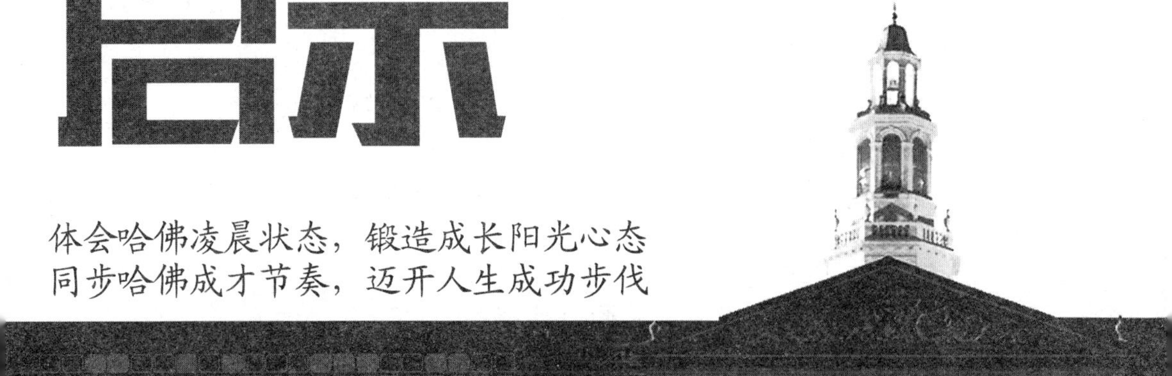

VE RI TAS
HARVARD

跟随8位美国总统的青春足迹，感悟40位诺贝尔奖得主的求学方法
探寻数百位CEO的成长模式，学习数以万计社会精英的制胜之道

每个青少年成长路上的必备读物

中国纺织出版社

内 容 提 要

在哈佛，学习是一种信仰！就是在这样的奋斗精神和文化氛围中，哈佛培育出了众多世界级精英人才，也使自己成为人人向往的高等学府。

哈佛，有着让人神往的魔力，想要近距离了解哈佛吗？本书将通过讲述哈佛精英的成功心得，解析哈佛精华的教育理念，帮助当下的青少年理解学习的意义，看清自身的不足，发现自身的优势，模仿精英的成长模式，成就卓越的自己。让青少年朋友不进哈佛，也能像哈佛人一样学习和思考，铸就自己璀璨夺目的人生。

图书在版编目（CIP）数据

哈佛凌晨给青少年的启示 / 苏奕霏编著. --北京：中国纺织出版社，2014.10 （2023. 10重印）

ISBN 978-7-5180-0375-4

Ⅰ.①哈… Ⅱ.①苏… Ⅲ.①成功心理-青年读物②成功心理-少年读物 Ⅳ.①B848.4-49

中国版本图书馆CIP数据核字（2014）第001098号

责任编辑：闫　星　　　　责任印制：储志伟

中国纺织出版社出版发行

地址：北京市朝阳区百子湾东里A407号楼　邮政编码：100124

邮购电话：010—67004461　传真：010—87155801

http：//www.c-textilep.com

E-mail：faxing@c-textilep.com

北京兰星球彩色印刷有限公司印刷　各地新华书店经销

2014年10月第1版　2023年10月第4次印刷

开本：710×1000　1/16　印张：16

字数：210千字　定价：48.00元

目录

上篇　向哈佛人看齐

第1章　凌晨四点半，你在床上沉睡VS哈佛人在挑灯晨读 … 2

你在黑暗卧室，还是在灯火通明的自习室？ …… 2

早励志，不懈地努力是通途 …… 5

你要明白你在为谁读书，为谁上学 …… 8

求知欲推动一个人快速成长 …… 10

此刻努力，没有什么来不及 …… 13

第2章　水滴石穿，业精于勤：临阵磨枪VS细水长流 ……… 17

成绩并不是最后那张考卷的分数 …… 17

每一堂课都留下你努力的足迹 …… 20

哈佛人的学习安排 …… 23

哈佛人面对考试时的心态和状态 …… 26

最好的结果总在下一次出现 …… 29

第3章　善于质疑，勤于发问：被动“填鸭”VS自主探究 … 33

别再等待老师把知识“喂”给你 …… 33

目光犀利善于发现各种问题 …… 36

课前准备让你能发现别人看不到的问题 …… 39

勇敢地提问，加深对知识的理解 …… 42

主动运用不同方法解决难题 …… 45

第4章　精于理论，付诸实践：死记硬背VS实践出真知 …… 48
光想不做不会有好的结果 ……48
脚踏实地才是实现梦想的唯一途径 ……51
敢地用自己的脚走路 ……54
打破书本知识的束缚 ……56
现实不承认猜想，踏踏实实做事 ……59
第5章　成长为自己的模样：衣来伸手VS独立生活 …… 62
越自立的人，越容易超越他人 ……62
戒掉依赖感，做独立少年 ……65
靠自己的双手成功，掌握自己的命运 ……68
有主见，勇敢表达自己的想法 ……70
不等着他人铺路而是走自己看好的路 ……73

中篇　哈佛学子内在的力量

第6章　绽放品格之花，优秀的品行是成功人生的前提 …… 78
诚信是人生中的第一桶金 ……78
让善良之花在内心绽放 ……81
对每一件事负起责任 ……84
无论何时，都要信守做人的原则 ……87
感恩的心会让你永远活在幸福里 ……89
第7章　内心强大，与困难做朋友让你无往不克 …… 92
挫折必然定律：挫折往往与进步同在 ……92
杜利奥定律：拥抱热情，战胜挫折 ……95
习惯性无助：摆脱无助，才能真正变得坚强 ……97
“下坡容易”定律：一定要严格要求自己 …… 100
内心畏惧只会加大克服挫折的难度 …… 103

第8章　“张扬”你的自信，相信自己就没有“不可能”…　106
杜根定律：自信比什么都重要 …………………………… 106
自信心效应：相信信念的力量 …………………………… 109
跳蚤效应：激发自己的潜能，不要给自己设限 ………… 112
马蝇效应：适时自我鞭策，才能不断进取 ……………… 115
相信自己，你就能做自己想做的人 ……………………… 117
第9章　激励和释放自己，学会调节始终“电量充沛”…　120
学会控制自己的情绪，时刻保持最佳状态 ……………… 120
换个角度看问题，就会豁然开朗 ………………………… 123
消除焦虑与恐惧，让心安宁 ……………………………… 126
抑制你的愤怒，拥有平和心性 …………………………… 128
别纠结，做个果断英明的人 ……………………………… 131
第10章　用心感受幸福，快乐与温暖能让你飞得更高……　134
幸福感的源泉在于积极的心理…………………………… 134
剖析内心，让自己拥有自我认知能力…………………… 137
听哈佛教授讲“幸福型”汉堡…………………………… 140
哈佛教授给出的10条幸福小贴士………………………… 143
幸福的本质到底是什么…………………………………… 146

下篇　哈佛人成功的砝码

第11章　张开思维的翅膀，让新鲜的创意驰骋迸发………　150
哈佛培养的是创新的头脑………………………………… 150
变通思维，你就能改变一切……………………………… 152
开动脑筋，培养创造性思维和创造力…………………… 155
培养创新意识，不断进取超越自我……………………… 158
独立思考，永远都做有想法的人………………………… 161

第12章 及时抓住机遇，让青春的心不留下遗憾…………164

机遇和陷阱总是同时存在……………………………………164

把握机遇，改变命运…………………………………………167

与时俱进，才能抓住机遇……………………………………170

机遇来临时，一定要勇于争取………………………………173

持续是一种力量………………………………………………175

第13章 勇于尝试敢于承担，成功就在自己的脚下………179

坚强地走完泥泞的路，你就是强者…………………………179

82岁从哈佛毕业的伊丽莎白…………………………………182

有信仰就会有无穷的力量……………………………………185

鼓足勇气，敢于破釜沉舟……………………………………188

不畏惧困难，不逃避恐惧……………………………………190

第14章 善于合作，团队的力量锐不可当…………………194

微笑效应微笑能拉近人际距离………………………………194

尊重法则：尊重他人才能赢来尊重…………………………197

海格力斯效应：心中不要有敌意……………………………200

幽默效应：会幽默让更多人喜欢你…………………………203

运用团队力量共创辉煌成就…………………………………205

第15章 修炼你的成功素养，在习惯中不知不觉成就自己…209

使命感让你倾注更多热情……………………………………209

兴趣与效率同在………………………………………………212

有非凡的雄心才能成就非凡的人生…………………………215

学习失败，否则失败于学习…………………………………218

认真、充实地过好每一天……………………………………220

参考文献………………………………………………………224

上篇

向哈佛人看齐

第1章　凌晨四点半，你在床上沉睡VS哈佛人在挑灯晨读

哈佛是世界一流学府，所有学子们向往的殿堂，它如同一面旗帜，是荣誉、知识的殿堂。在哈佛，每一位学子都在受教育的过程中树立远大的理想；同时，也更加踏实地学习。他们深知，在竞争面前，只有提升自己，才是最有利的武器。正所谓，先付出，才杰出。所有的青少年朋友们，你也要以哈佛学子为榜样，要多学习、多吃苦、多研究。唯有如此，你才能练就非凡的技艺。

你在黑暗卧室，还是在灯火通明的自习室？

对于哈佛学子而言，他们的学习是不分昼夜的，也是不分地点的，这就是他们成功的不二法则。

哈佛是每个学子心中最高的殿堂，它是世界一流的学府。从哈佛成立到现在，它培养了很多名人，其中就包括8位美国总统、40位诺贝尔奖得主、30位普利策奖得主以及各行各业的精英。然而，哈佛学子之所以能成为各行业的精英，并不是因为他们是天才，而是因为他们比一般人付出了更多的努力。

在哈佛的课堂上，曾经有位老师这样告诫学生：如果你想在进入社会后，在任何时候任何场合下都能得心应手并且得到应有的评价，那么你在哈佛的学

习期间，就没有晒太阳的时间。在哈佛也流传着这样一句训言：此刻打盹，你将做梦；而此刻学习，你将圆梦。的确，任何一个哈佛人的成功，无外乎一个原因——努力学习。

青少年朋友们，当凌晨四点半的时候，你在做什么？是在黑暗的卧室里沉睡、做着美梦，还是已经在灯火通明的自习室里开始一天的学习？也许大多数人的回答是前者，你也许会认为：“才四点半而已，何必把自己弄得那么紧张？”然而，如果你走在哈佛校园里，你会发现，无论是阅览室，还是自习室，乃至于河边的路灯下，都可能坐满了在静静看书或晨读的学子们。即使到了深夜，这些学生们也会继续留在图书馆和自习室看书、学习，整个哈佛校园就是一座“不夜城”。

和一般的学校相比，哈佛的学子们有着更强的学习压力。在哈佛，本科生每学期至少要选修4门课，一年是8门课，也就是说，4年内，他们必须修完32门学科才能顺利毕业。除此之外，他们在课后还需要完成大量的作业，比如，课后他们要花很多时间复习，巩固课堂上所学的知识；在上课之前，他们也要看很多的书，为上课做准备，因为在哈佛，你只有做好最充分的准备，才能融入到课堂的教学中。

到了吃饭时间，如果你走进哈佛的学生餐厅，你会大吃一惊，因为你会发现，即使是餐厅，对于他们来说，也是另一个学习明的场所。有的学生会端着自己的饭菜、找到自己的座位，然后边看书边做笔记边吃饭。他们很珍惜时间，即使是吃饭时间也不轻易放过。

在哈佛，没有人会懈怠，因为同学之间努力学习的精神会互相感染，互相激励。由于哈佛学生的勤奋努力，在哈佛的校园里，随处可以看到睡觉的学生，甚至在食堂的长椅上也有学生呼呼大睡。而旁边来来往往就餐的人并不觉得稀奇。因为他们知道，这些倒头就睡的学生实在是太累了。

看到这里，青少年朋友们，也许你会明白，为什么哈佛大学能培育出这么多的精英吧。一分耕耘，一分收获，从现在起，你只有努力学习、用自己的双手去创造，才能和哈佛人一样创造出辉煌的人生。

有人说，年轻是资本，但这个资本不是拿来挥霍的，而是拿来珍惜的，拿来充实自己的，只有珍惜每一天的时间去学习，一点一滴地累积成功的资本，你才会问心无愧。事实上，中国人珍惜时间、努力学习的品质，自古有之。

李贺是一位遭遇不幸的天才诗人，但他懂得珍惜有限的生命。

在他很小的时候，就满腔报复，他曾经作诗明志："少年心事当那云。"（《致酒行》）他酷爱读书，勤于写作，就连出门骑在驴背上的时候，也经常见他思考。母亲曾十分心疼地责备他："你一定要把心血呕出来才罢休吗？"

当时，和他同龄的一些纨绔子弟，整日花天酒地、不思进取，为此，看不惯这些的李贺便作诗劝诫，诗中写道：

少年安得长少年，海波尚能变桑田。

荣枯递传急如箭，天公不肯于公偏。

莫道韶华镇长在，发白面皱专相待。

李贺惜时如金，醉心创作，他留于后世的二百多首诗作，都是呕心沥血的艺术结晶。

诗人李贺规劝那些少年们不要虚度光阴。他指出："少年安得长少年，海波尚能变桑田。"岁月斗转，光阴似箭，时间对于任何人来说都是公平的，即使现在的你正值青春年华，但它并不是永驻的，因此，你必须趁早学习、努力学习，充实自我。

没有艰辛，便无所获。青少年阶段正是一个人吸收知识、积淀自己的最好时期。任何一个青少年，都要告诫自己：一天之计在于晨，清晨，你也要从温暖的被窝中爬起来。如果你能做到这点，当你养成一种珍惜时间、努力学习的习惯后，你就能做到自我突破和自我超越！

哈佛启示

哈佛是一种象征，不仅是最高智慧和最高学府的象征，更是人的意志的象征。每个青少年，都要以哈佛学子为榜样，学习他们在凌晨四点半就努力学习的精神，不给自己任何懈怠的机会，你只有把握现在、充实自我，才能创造出辉煌和灿烂的明天！

早励志，不懈地努力是通途

目标是一切成功的起点。一个人，只有确立了前进的目标，他才会最大可能地发挥自己的潜力。而努力是实现目标的唯一途径，只有不断努力，我们才能检验出自己的创造性，才能锻炼自己，造就自己。

现实生活中，我们每个人都有自己的理想，并渴望成功。而有些人不能成功是因为他们往往空有大志却不肯低下头、弯下腰、静下心来努力学习，不肯从身边的本职工作开始积聚自己的力量。要知道，只有一步一个脚印，踏实、不浮躁地学习，才能为成功奠定基础。实际上，这正是当今社会一些青少年们所欠缺的。有些时候，他们会怨天尤人，给自己制定那些虚无缥缈的终极目标。而任何一个成功的哈佛学子，他们的成功都不是一蹴而就的，他们成功的不变因素都是努力学习。

曾经有一位老师在课堂上向他的学生发问：“我知道，在你们心中，哈佛大学是最高学府，但你们有设想自己考入这所大学吗？如果你不能进入哈佛，那么，你也要像哈佛大学那3%的毕业生一样对待自己的人生。”接下来，他讲了这样一个关于哈佛毕业生的调查。

这一年，有一群意气风发的年轻人从哈佛毕业了，他们即将迈入新的人生阶段，无论是从学历、智力还是背景上，他们都相差无几。就在他们离开前，他们的教授对他们进行了一项关于人生目标的调查，统计结果显示：在他们当中，27%的人，没有目标；60%的人，目标模糊；10%的人，有清晰但比较短期的目标；3%的人，有清晰而长远的目标。随后，他们便进入社会参加工作、经营人生。

25年后，这位教授再次对这群毕业生进行了跟踪调查，结果他发现，在这些学生中，最初那3%的人大多成了成功人士，他们有的是行业领袖，有的是社会精英，这是因为他们在最初时候就立志并不断朝着一个方向努力；10%的人，他们的短期目标不断地实现，成为各个领域中的专业人士，大都生活在社会的中上层；60%的人，他们安稳地生活与工作，但都没有什么特别的成绩，几乎都生活在社会的中下层；剩下27%的人，他们的生活没有目标，过得很不如意，并且常常抱怨他人，抱怨社会，抱怨这个“不肯给他们机会”的世界。

可能很多人会以为，只要考入了哈佛，就会有光鲜亮丽的人生，其实，那些成功的哈佛人之所以成功，就是因为他们知道自己想要什么，并且，他们会不懈地努力。因此，在哈佛的课堂上，每位老师都会告诉他的学生，人立志，一定要趁早。一个人，没有目标，就像断了线的风筝，不知前方的路该怎么走；一个人，没有目标，就像一艘没有舵的轮船，只能随波逐流。

因此，青少年朋友们，你只有从现在起，树立一个精细、明确的目标并为之努力、奋斗，你才能挖掘出体内所蕴藏的巨大能力，才能最终实现自己的理想。

在哈佛的课堂上，曾讲过这样一个故事：

多年前，有一位穷苦的牧羊人领着两个年幼的儿子以替别人放羊来维持生活。一天他们赶着羊来到一个山坡，这时，一群大雁鸣叫着从他们头顶飞过，并很快消失在远处。牧羊人的小儿子问他的父亲：“爸爸，爸爸，大雁要往哪里飞？”“他们要去一个温暖的地方，在那里安家，度过寒冷的冬天。”牧羊人说。他的大儿子眨着眼睛羡慕地说：“要是我们也能像大雁那样飞起来就好了，那我就要飞得比大雁还要高，去天堂，看妈妈是不是在那里。”小儿子也对父亲说：“做个会飞的大雁多好啊，那样就不用放羊了，可以飞到自己想去的地方。”

牧羊人沉默了一下，然后对两个儿子说：“只要你们想，你们也能飞起来。”两个儿子试了试，并没有飞起来。他们用怀疑的眼神瞅着父亲。牧羊人说，让我飞给你们看，于是他飞了两下，也没飞起来。牧羊人肯定地说：“我是因为年纪大了才飞不起来，你们还小，只要不断的努力，就一定能飞起来，去想去的地方。”儿子们牢牢地记住了父亲的话，并一直不断的努力，等到他们长大以后果然飞起来了，他们发明了飞机，他们就是美国的莱特兄弟。

这个真实的故事再次使我们坚信：一个人年轻时如果在内心中就树立一个目标，并坚持不懈地为之努力，那么，他一定会是一位成功的人。

的确，有理想、有追求、有上进心的人，一定都有一个明确的奋斗目标，他懂得自己活着是为了什么。因而他的所有的努力，从整体上来说都能围绕一个比较长远的目标进行，他知道自己怎样做是正确的、有用的，否则就是做了无用功，或者浪费了时间和生命。显然，成功者总是那些有目标的人，鲜花和荣誉从来不会降临到那些没有目标的人的头上。

可能有些青少年会认为自己年纪尚轻，立志为时尚早，而实际上，一个人只有尽早树立目标，才能尽早付诸行动，才能找到努力的方向。因为目标不会凭空实现，不采取具体行动，就不可能发生任何事情。

哈佛启示

人只有树立了目标，内心的力量和头脑的智慧才会找到方向。目标是对于所期望成就的事业的真正决心。如果一个人没有目标，就只能在人生的旅途上徘徊，永远到不了想去的地方。正如空气和生命的关系一样，目标对于成功也有绝对的必要。如果没有空气，人就不能生存；如果没有目标，没有任何人能成功。

你要明白你在为谁读书，为谁上学

当你明白自己为谁而读书，为什么而上学时，你就会有一种向前的驱动力，你就会觉得学习是一种乐趣，也就能克服学习中产生的各种困难。学习积极性提高了，学习效率也就提高了。

哈佛大学前任校长劳伦斯·H.萨默斯曾经在课堂上建议每一个哈佛学生们每天都问自己一个问题：我为什么要学习？

表面上看，这是一个很简单的问题，实则非常重要，因为一个人，只有具备良好的学习动机，才有强烈的学习欲望。而相反，如果一个人没有良好的学习动机，不明白做事的目的，就很难产生强大的内驱力。

所以，对于青少年来说，如果你不明白自己为什么学习、为谁学习，那么，你就看不到学习的必要性，也不会具有学习的动力。

确实，如果我们不明白自己学习的动机，不明白读书的目的，就会把学习当成负担，把读书当成任务。

另外，劳伦斯·H.萨默斯教授在一次关于“学习力”的演讲中，讲了这样一件事：

他的小外孙叫吉文上中学了，暑假里的一天，吉文和他的同学去郊游，当他们玩得正尽兴的时候，其中有个女同学大哭起来，说自己必须要赶回家了。

“天哪，我真该死，居然忘记了时间，我今天的功课还没有做呢。”这位女同学哭着说。

“这不是暑假吗？你怎么还要做功课？”伙伴们问她。

“这是我妈妈给我布置的作业，我要是不按时做完的话，她肯定会揍我的。”这位女同学哭丧着脸说。

青少年朋友们，你是不是也像这个小女孩一样，认为学习、读书是为了父母、老师呢？如果你这样认为，那么，你肯定会觉得读书、学习是一种负担，没有了学习的动力，又怎么能学得好呢？的确，有时候，父母是会逼你学习，会剥夺你玩耍的时间，会让你觉得不近人情，但你是否真的知道自己是为了谁而读书呢？我们再来看下面一个初中生的日记：

从小就是妈妈管我学习，所以我一直认为学习就是为了妈妈。记得有一次妈妈对我说做完20道题就可以出去玩儿，说完妈妈就去厨房帮爸爸准备晚饭去了，留下我一个人对付那20道题。好像都是数学应用题，反正挺多的，有三四页。我一看这么多，啥时候才能做完出去玩儿啊！等到做完了天不都黑了吗！于是我灵机一动，计上心来，我先做了前面五道题，正好赶上翻到下一页，我就空着中间的一页题没做，然后把最后的五道题也做了。我合上本子，跑到厨房，跟妈妈说："妈妈我做完了，我出去玩儿啦！"妈妈一听挺高兴，说："这么快，那好，去玩儿吧！"

感觉就玩了一小会儿，天就黑了。我很不情愿地跟我的朋友告别，说好明天还一起玩儿，就回家了。

一到家，我就觉得什么地方不对，只见妈妈沉着脸叫我进屋，问我："题都做完了吗？"我心虚地说："做完了。"妈妈生气了，问："真的吗？"我不敢说话，闷闷地站着。妈妈更生气了，说："你为什么要撒谎？你以为你学习是为了谁？"我还是不说话。只见妈妈一下子冲到桌子面前，呼啦一下把我桌子上的笔、本子和书全都扫到地上，然后气呼呼地转身走了。

我吓坏了，妈妈尽管对我比较严厉，但是从来没有发过这么大的火，就算是她打了我，我也没有这么害怕过，因为每次妈妈打完我还是要最后一个过来哄哄我的。我一个人呆呆地站在那里，不敢动也不敢说话，心想：要是以后妈妈再也不管我学习了可怎么办？屋子里渐渐暗下来，妈妈没有来，也没有别人来叫我去吃饭。

就这样不知道过了多久，我收拾好散落一地的书、本子和笔，鼓足勇气走到妈妈面前，对妈妈说："妈妈，我错了，我不该骗您，以后我不这样了。"妈妈当然马上就原谅了我。

虽然那次妈妈没有打我，但是真的把我吓坏了，而且从那以后，我再也没有骗过妈妈。但是，学习究竟是为了谁呢？

的确，很多青少年都对自己的现状感到迷茫，不明白自己为谁读书，为谁学习，有的则认为是为父母学习，为了给父母争面子，而这种学习态度直接导致了他们对待学习和生活冷漠，没有热情，对什么都没有兴趣，觉得整个世界都是没有意义的，整个精神状态看起来都无精打采，对什么都不在乎。

其实，你要明白，读书是为了你自己，年幼的时候，可能你不懂得父母为什么要你好好读书，但父母的社会经验告诉你们，在这样一个竞争十分激烈的社会中，没有知识，就等于没有生存的本领，每个人都在用知识为自己的未来打拼。寒窗苦读的过程的确很辛苦，这是一个人立身于世的必经过程。

有了这样的心态，即使你在学习的过程中遇到了很大的压力，让你喘不过气，你也可以选择适当的方式发泄一下。不管怎么样，不要去抱怨父母什么，尽快调整自己的心态，自己的未来在自己的手中，谁也不能替你去主宰。未来，就在眼前，需要你努力加油！

哈佛启示

知识改变命运，任何一个哈佛学子都深知这个道理，所以他们更加明白读书是为了获取知识，为了让自己未来的人生道路走得更平坦。每一个青少年，都要思考一下自己为什么读书、为谁读书，考虑清楚这个问题，相信你也能找到努力学习的动力！

求知欲推动一个人快速成长

科学研究表明，人一旦对某种活动产生了兴趣和热情，就能提高对这种活动的关注性和参与的积极性。

一直以来，哈佛都是全世界众多学子向往的一流学府，能够在那里学习的学子必定是凤毛麟角，而那些哈佛学子之所以能成才，并不是因为他们比一般人聪颖，而是因为他们有着孜孜不倦的求知精神，求知欲让他们不断成长。

的确，一个人一旦有了求知欲，就能产生学习兴趣和学习激情，就能以饱满的热情学习，学习效率自然也就提高了。

因此，任何一个青少年朋友，都要以哈佛学子为榜样，让求知欲指引自己不断学习。

在哈佛，老师们很注重对学生潜力的挖掘和培养，他们根据学生的兴趣，激发学生求学的热情，指引学生走好自己的人生之路。本・沙哈尔在课堂上经常强调说：通常在越感兴趣的事情里，人就越能发挥自己的天赋，就越能做得持久。同时，兴趣与热情同在，人一旦有了热情，不但动机坚定，连做事效率也会提高。

一个学生问诺贝尔物理学奖得主丁肇中教授为何选择物理时，丁教授这样回答道："人应该按照自己的兴趣行事，所以我选择了物理。"

古今中外许多科学家、发明家取得伟大成就的原因之一，就在于他们对某种活动由浓厚的认识兴趣产生了强烈的求知欲望。

在哈佛的课堂上，学子们曾经听到关于莎士比亚的故事：

在世界文学史上，莎士比亚无人不知、无人不晓，他是英国伟大的戏剧家和诗人，它所创作的《罗密欧与朱丽叶》让无数人动容。他毕生创作了37部戏剧。

莎士比亚在7岁时就开始读书，但他并不喜欢那些古板的祈祷文，而偏爱那些用拉丁文写的历史故事。

每年的五月份是莎士比亚最喜欢的时间，因为每到这时候，就有戏班子演出，莎士比亚是他们的忠实粉丝，他总是如痴如醉地观看每一场演出，直到戏班子离开。

14岁那年，莎士比亚就结束了他的学校生活，出来谋生。他做过很多工作，在父亲的店铺里打工，在码头做货物搬运工，也做过售货员，但他发现，自己对这些工作一点兴趣也没有，这是因为在他的心中，对戏剧的热情一直没有磨灭。

后来，莎士比亚在戏院找到了一份打杂的工作，他主要的任务是看管那些有钱人的马车和衣帽，在后台为戏剧演员们服务，但就是这样，他已经很开心了，因为他可以直接接触到戏剧了。一有时间，他就看演员们排练，这里，成了他的戏剧学校。这里也孕育了一位名垂青史的戏剧大师。

1592年的新年，对于莎士比亚来说是个难忘的日子，他的剧本《亨利六世》在伦敦最大的三家剧场之一——玫瑰剧场上演，莎士比亚的剧作一炮打响了。很快《理查三世》《威尼斯商人》《温莎的风流娘儿们》《哈姆雷特》《奥赛罗》《李尔王》相继上演。悲剧《哈姆雷特》的轰动效应，更使莎士比亚登上了艺术的顶峰。

莎士比亚为什么能在戏剧上取得如此巅峰的成就？可以说，是求知欲推动他不断学习、拼搏和努力，最终，他成就了自己的梦想，达到了人生的辉煌。

的确，求知欲是让我们产生学习兴趣的原动力，有了兴趣，才有无穷的动力使你在某个领域当中越钻越深。有了兴趣，才有勤奋，有了勤奋，才成就了辉煌和成功。

对于青少年朋友来说，也要挖掘自己的求知欲，当然，求知欲的获得来自于深刻的自我剖析，一个人，只有看清楚自己的缺点和不足，才能把自我剖析的手术刀滑向心灵的深处，才能对心灵进行一番追问：我的缺点到底在哪里？明天我将如何努力？有一句格言说得很好：一个目光敏锐、见识深刻的人，倘又能承认自己有局限性，那他离完人就不远了。

哈佛大学第22任校长洛厄尔曾经说过："认识自己能够做什么固然重要，但认识自己不能做什么更为重要。"

毕业于哈佛的美国历史上最伟大的总统罗斯福，从小就患有小儿麻痹症，是个瘸子。像这样一个人，他通过比常人更加艰苦努力的奋斗，在美国获得广泛的人心与支持，成为美国历史上唯一一位连任四任的总统，四次实现了孩提时的梦想！

罗斯福虽然有身体方面的缺陷，但却有着奋斗的精神——这种精神仿佛是每个人天生就具有的。事实上，正是因为身体缺陷的存在，才促使他更加努力奋斗。即使他被同学嘲笑，他也没有失去勇气，他喘气的习惯变成了一种坚定的嘶声。他咬紧自己的牙关使嘴唇不颤动从而克服了惧怕心理。

他很清楚地明白自己身上存在的缺陷，他从不自欺欺人，但他并不因为这点退缩、自卑，他告诉自己要做个勇敢的人，他相信，只要自己肯付出努力，就一定能获得成功。

通过长时间的练习，他终于学会了用假声的方法来掩盖自己那无人不知的龅牙。在演讲中，他的声音并不是那么的洪亮，他的姿态也不是那么的威严，甚至可以说，他的辞令也不是惊人的，然而，就在当时，他却是人们眼中最出色、最有力量的演说家之一。

听完罗斯福的故事，青少年朋友们，对你是不是有所启示：一个人，昨天怎么样并不重要，重要的是今天。从今天起，开始挖掘自己的求知欲，并努力学习，你就能实现突破。

哈佛启示

人类拥有巨大的潜能，而这种潜能的激发，在很多时候都来自一种强烈的追求，这就是求知欲。亲爱的青少年朋友，你们也许不可能都到哈佛接受良好的教育，但你们却能有和哈佛毕业生一样的求知欲。具有超强的拼搏精神，你就能做最好的自己！

此刻努力，没有什么来不及

一旦有了自己的梦想或者目标，就要立刻着手进行，不要拖延，因为现在就是最好的开始。

我们发现，生活中，总有人感叹：其实我并不喜欢现在的生活，我更想……谈了一大堆的计划，一大堆的梦想。可是，如果问他们为什么没有去实践，他们还会摇摇头说：不行啊，无奈啊，没办法啊，因为来不及了……真的来不及了？既然无力改变又何必总是埋怨？ 如果埋怨、不满，又为何不去努力改变？

如果你留心观察一下周围形形色色的人就会发现，那些少数活得快乐的人，并不是因为他们有很多钱，也不是因为他们有更好的房子、工作，而是他们能够真正地为实现梦想而努力，怀着最真诚的心去追求自己想要的东西。

对于任何一个青少年朋友而言，你的人生才刚刚开始，只要你树立自己人生的目标，并为之努力，那么，就没有什么来不及。只要你立即行动、大胆地去实践，而不只是把它当成一个遥不可及的梦想，你就能实现；相反，如果你默默地将梦想藏在心底而不付诸行动的话，到头来你只能感到莫大的遗憾。

诺贝尔经济学奖获得者萨缪尔森教授是哈佛的毕业生，他曾经说过："人们应当首先认定自己有能力实现梦想，其次才是用自己的双手去建造这座理想大厦。"的确，对于青少年朋友，他们总会有这样那样的人生憧憬和理想，如果你能将这些憧憬都抓住，那么，你就能实现理想，你就能取得事业上的成绩，拥有灿烂的人生。然而，生活中，我们看到的多半是那些碌碌无为的人，他们都与自己的梦想渐行渐远，这是为什么呢？因为他们都认为梦想终究是梦想，它是遥不可及的。他们还给自己找很多的理由，比如，我学历不高、竞争太激烈、太冒险了、没有时间、家人不支持我、没有足够的资金、没有学历、没有这个那个，其实都是缺乏意志力的人为自己找到的冠冕堂皇的借口。别忘了那句最常听到却最容易忽略的话：事在人为。事实上，如果你下定决心行动的话，你就能做到。毕业于哈佛大学的著名文学家爱默生曾经说过："一心向着自己目标前进、行动起来的人，整个世界都给他让路。"所以，有了目标，就要立即行动起来！光说不练，纸上谈兵，拖延应付，只会让目标成为一个梦。

现实中，很多人都有梦想，可是有几个人能不顾一切地去实现它呢？哈佛大学的毕业生索菲娅就做到了。

索菲娅是哈佛大学艺术团的一位歌剧演员。

在一次演讲中，他当着全校师生的面提及自己的梦想——毕业以后先去欧洲进行为期一年的旅游，然后，他要去纽约的百老汇闯出一片天地。

就在她结束演讲的这天下午，她的心理学老师找到她，然后对她说：“我听说你想去百老汇，那么，你今天去百老汇跟毕业后去有什么差别？”

老师的话点醒了索菲娅，她仔细一想：“是呀，大学并不一定能为自己争取到去百老汇的机会。”于是，索菲娅决定一年以后就去百老汇闯荡。

这时，老师又问她：“你今天去跟一年以后去有什么不同？”

索菲娅一想，的确如此，接下来，她告诉老师自己决定下学期就出发。

老师紧追不舍地问：“你下学期去跟今天去，有什么不一样？”是啊，老师说得对，接下来，索菲娅有些眩晕了，她仿佛现在已经置身于百老汇那金碧辉煌的舞台上了……她说，我决定下个月就去。

老师乘胜追击问道：“那一个月以后去和今天去又有什么不同呢？”

索菲娅的心情很激动，她说：“好，我准备一下，一个星期以后就出发。”

老师步步紧逼：“百老汇什么买不到？那些生活用品更是到处都是。那你要一个星期的时间准备什么呢？”

索菲娅激动地说道：“好，我明天就去。”老师赞许地点点头，说：“我已经帮你预订好明天的机票了。”

第二天，索菲娅就坐飞机来到了全世界艺术的最高殿堂——美国百老汇。

这天，百老汇一位著名的制片人正在筹备一部经典剧目，很多艺术家都前去应征主角，按照步骤，他需要先从这些应征者中挑选出10位候选人。索菲娅得知这个消息后，并不是花时间去为自己置办行头，也没有去学习如何打扮自己，而是先从一位化妆师那里要到了剧本。接下来的两天时间里，她把自己关在出租屋里自编自演。

面试这天终于到了，索菲娅有点紧张，但稍做深呼吸之后，她给自己打足了气，当制片人问及她的表演经历时，她笑了笑，然后说：“我可以给您表演一段原来在学校排演的剧目吗？就一分钟。”制片人首肯了，他不愿让这个热爱艺术的青年失望。

索菲娅表演的正是制片人要排演的剧目，制片人惊呆了，因为眼前这位姑娘的表演实在太棒了。他马上通知工作人员结束面试，主角非索菲娅莫属。就这样，索菲娅来到纽约没几天就顺利地进入了百老汇，开始了她灿烂的艺术人生。

听完索菲娅的故事，青少年朋友，你是否有所启示？的确，成功的人与那些蹉跎人生的人的最大区别，就是——行动！如果你能追溯那些成功人士的奋斗之路，你就会感叹：“难怪他会做得这么好！”怎么样的行动能获得最大的成功呢？是马上行动！生活中的你们，不要再感叹时光荏苒了，从现在起，立即行动吧，下一刻也许就是成功！

如果你梦想成为知识专家，那就立刻看看自己适合于研究什么专业，立刻分析现在社会的前沿信息是什么，立刻专心于读书学习，立刻开始选书目、定方向、写笔记，立刻开始阅读，不要拖延时间；如果梦想成为政治家，那就立刻学会演讲、学会写作、学会协调，立刻研究社会、研究管理……

哈佛启示

哈佛学子的成功告诉所有青少年朋友，“想到就立即做”是一种习惯，是一种做事的态度，也是每一个成功者共有的特质。无论做什么事，一旦拖延，你就会无限制地拖延下去，而一旦你开始行动，事情就会向好的方向转化。

第2章　水滴石穿，业精于勤：临阵磨枪VS细水长流

所有参观过哈佛的人大致都有个感受：哈佛的学生很辛苦。他们总是利用一切可以利用的时间学习。因为他们深知，学习是一个长期的需要做到点滴积累的过程。任何一个青少年，都要以哈佛人为榜样，并树立良好的学习态度和学习方法，只有这样，你才能取得良好的学习效果。

成绩并不是最后那张考卷的分数

每天进步一点点，看似没有冲天的气魄，没有诱人的硕果，没有轰动的声势，可事实上，却体现了学习过程中一种求真务实的态度，每天进步一点点，是实现完美人生的最佳路径。

我们都知道，学习是学生的天职，每个学生都对自己的学习成绩尤其是考试分数很在意，很多时候，成绩似乎是学生的面子。其实，真正的成绩并不是最后考卷上的分数，而是在努力过程中汲取的知识，考试成绩也只是检验学习效果的一种手段。因此，任何一个青少年，都不能为了所谓的分数而学习，而更应该重视努力学习的过程，并告诫自己，每天进步一点点，不断积累知识，就能实现自我突破。

哈佛的学生明白：“成功不是一蹴而就的，如果我们每天都能让自己进步一点点——哪怕是1%的进步，那么还有什么能阻挡得了我们最终走向成功呢？”的确，无论是学习还是追求成功，水滴就能石穿，每天进步一点点，并不是很大的目标，也并不难实现。也许昨天，你通过努力学习获得了可喜的成绩，但今天你得学会超越，超越昨天的你，你才能更加进步，更加充实。人生的每一天都应该充满新鲜。

1985年，在美国的职业篮球联赛中，洛杉矶湖人队因为队员们出色的球技，拿下冠军已经是手到擒来之事，但在最后决赛时，因为各方面的原因，湖人队却输给了波士顿凯尔特人队，这让所有的球员和教练派特·雷利感到十分沮丧。

派特·雷利是一名金牌教练，他不会眼看着这些球员继续停留在沮丧中，为了鼓励大家重振旗鼓，他说道：“从今天开始，我们能不能各个方面都进步一点点，罚篮进步一点点，传球进步一点点，抢断进步一点点，篮板进步一点点，远投进步一点点，每个方面都能进步一点点？”球员不假思索地答应了他的要求。

接下来，派特·雷利带领球员们进行了为期一年的训练，这一年内，所有球员始终抱着让自己“进步一点点”的精神，不断地提高自己的球技。

就在第二年，也就是1986年的美国职业篮球联赛中，湖人队轻轻松松地夺得了冠军。

派特·雷利在庆功时，对所有球员们说：“我们今天之所以能成功，绝非偶然，当初，我说我们要做到每天进步一点点，是啊，我们一共有12位球员，有5个技术环节，每个环节我们进步1%，所以一个球员进步了5%，全队就进步了60%，在球技上处于巅峰的湖人队，提升了60%，甚至更高，所以我们获得出人意料的成绩是理所当然的。”

看完湖人队取得成功的故事，青少年朋友们，你应该有所启示，只要你每天进步一点点就已经足够，因为成绩并不是最后那张考卷上的分数，“不进则退”，只要是在前进，无论前进多么小都无妨，但一定要比昨天前进一点点。

人生也必须每天持续小小的努力，才能有所成就。

的确，对于学习阶段的你们来说，考试成绩也十分重要，在校园里就流行这样几句话："考考，老师的法宝；分分，学生的命根""学生学习的动力是什么，老师教学的方法是什么？""学生，最关心的就是分数，老师最关心的也就是考试"，这些流行语也形象地反映了分数的重要性。升大学要考试，要凭分数来录取你。考个高分，就能上个名牌大学。考不好，即使是差0.1分，你也名落孙山。所以，很多青少年急功近利地只要分数。只要考试成绩好，一切就万事大吉，甚至有些学生，平时不努力，到考试时投机取巧、走捷径，他们忽视了真正的成绩其实是在学习过程中获得的。

在对待学习上，哈佛学生的态度是：每天都有点滴的进步，不仅能让自己的内在潜能得以充分发挥，也能积累成功的资本。

的确，不仅是学习，做任何事，成功就是每天进步一点点——只要我今天比昨天进步一点点，明天能比今天进步一点点，这样的过程就是成功。

我们不妨再来看下面一个故事：

每年的下半年，学校都会举行一次学生最佳优秀奖的颁奖活动，结果，成绩并不怎么样的王佳佳被选上了，很多同学不解：为什么王佳佳会被选上呢？

后来，班主任老师就这一事在班上进行了一次公开讲演："我知道，班上很多成绩好的同学会认为，凭什么让王佳佳拿这个奖，她成绩又不是最好的，可是，同学们，你们看到了王佳佳的进步了吗？去年这时候，他每次考试都不及格，这个学期，他总是来得最早，教室里第一个读书的就是他，放学后，他还会来找我请教问题，另外，这学期组织的几次会考中，王佳佳每次都有进步，他的学习态度非常好，每次交上来的作业也非常工整……"老师说完这些以后，班上鸦雀无声。

班主任老师接着讲："我们不能以分数论英雄，学习成绩好固然好，但我们更注重每个学生的进步，因为学习知识是一项长期的过程，需要你们做到持之以恒……"

的确，考试只是检验学习情况的一种手段，是一项比较单一的检测，这基本上是对书本知识的抽查。分数永远只是个形式和手段。它不能证明你真正学到了多少知识，更不是衡量成绩的唯一标准。

哈佛启示

青少年朋友们，在学习的过程中，你不要只盯分数，而要看学习效果，因为真正的成绩是点滴的进步，只要你坚持学习，每天进步一点点，做到从小成功到大成功的积累，你就会不断积累信心，就能实现最终的突破。

每一堂课都留下你努力的足迹

听课是学习过程的核心环节，是学会和掌握知识的主要途径。对于每一个青少年来说，在课堂上集中精力听好每一堂课，是学习好功课的关键。

我们都知道，青少年的学习生涯基本上都是在课堂上度过的，能否把握好每节课的45分钟，直接关系到你学习效果的好坏。如果你在课堂上能基本掌握所学的基础知识和技能，课后复习和做作业都不会发生困难；如果上课时不注意听讲，没听懂老师所传授的知识，那么，即使是原本只需要几分钟就能搞懂的问题，你可能需要花上几倍的时间才能补上。

事实上，任何一个成功的哈佛人都是勤奋的，他们很注重课后复习，但他们更明白课堂学习的重要性。因此，他们会为每一节课做好准备，也会在课堂上全力以赴。

课前，他们会做大量的准备。当每个学生都认真准备了，才可以快速推进课堂讨论的进程，而之前如果没做准备，他将无法参加到课堂讨论之中。

哈佛学生的学习压力也来自学校的淘汰机制。在每堂课上，大家都要被记录发言成绩，这一成绩平均占到总成绩的50%，这就要求学生均匀用力、不能放松。

那么，青少年朋友们，你是个认真听课的学生吗？有句老话说得好：“台上一分钟，台下十年功”，但对于学习，却不是如此，如果你认为上课可以不听讲，课后再恶补就可以，那么你就错了。上课听讲尤其是有效率的听讲，才是提高成绩的引擎。有的同学总是喜欢自学，上课不认真听讲，往往导致事倍功半，成绩无法提高。

孙玲和周涵涵是同桌，巧的是，她们还是邻居。因此，对于孙玲来说，她是“近水楼台先得月”。小学的时候，孙玲的学习成绩不怎么样，但初中以后，和学习委员周涵涵成了同桌后的她也铆足了劲儿学习。其实，在学习过程中，她并没有怎么请教周涵涵，她只是对周涵涵的听课笔记“研究”得比较透彻，基本上每天放学回家之后，她都会去周涵涵家借笔记，这已经成了她的一种生活习惯。

“妈，今天该轮到你帮我跟周涵涵借笔记了吧！”孙玲对在厨房炒菜的妈妈说。

“学习的事儿你怎么老来麻烦我啊？”妈妈开玩笑说。

“我这不是不好意思了嘛，天天跟涵涵借笔记，她会不会烦我了呢？”

“这我可不知道，我看你呀，还是自己上课好好听，做好自己的笔记，不懂的再去问老师，这样，就不用跟涵涵借笔记了呀。”

“是啊，我也觉得自己的学习方法不对，我花的时间比涵涵多，每天回来还研究她的笔记，考的却没她好，就是因为我没有利用好课堂时间吧……”

“是啊，课堂时间才是最有效的学习时间啊。”

故事中的孙玲为什么总是找同桌周涵涵借笔记呢？因为她没有把握好课堂的听课时间。实际上，课堂教学是教学过程中最基本的环节。对于青少年阶段的你来说，学习科目的增加、单科学习时间的减少，无疑都导致你只有抓住课堂有效地学习，才是提高学习效率的关键。

当然，正确的学习方法除了把握好课堂时间以外还有很多。但无论如何，把握好课堂时间都是极为重要的。生活中，我们也发现，一些青少年，因为学习成绩不好，不得不让父母为自己报各种补习班，以为这样就能查缺补漏、提高成绩，但实际上，我们也发现，那些在课后“恶补”的学生并不都取得了自己理想的成绩。这是为什么呢？其实，还是方法的问题。

那么，具体来说，你该如何做到把握好每一堂课呢？

第一，做好预习复习、专心听讲、记好笔记等。

老师的授课是相当关键的，他给予学生的是经过筛选后的精华知识，并且有着很强的指导和启发意义。

人们都说“好记性比不上烂笔头”，足见笔记的重要性。青少年应养成勤记善记的好习惯。笔记可记：老师反复强调的；相似知识的对比；课文内容与现实相联系的时政知识点；分散知识的归纳综合等。

同时，记笔记还要“记得精炼”。所谓“记得精炼”，指的是笔记的内容要有选择，有所取舍。老师讲课内容多，有的知识已经学过，有的是书本提示，有的是注释中明白写着的，这些就不必记了。你不熟悉的、重要的，一定要记下来，不好理解的、有疑问的，可以在书上做个记号，便于课后思考或者问老师。

有很多学生认为，要想学习成绩好，就要做到专心听讲、做好笔记、认真完成老师布置的作业，其实这还不够，重要的还有预习，也就是说，在老师上课前，你要提前学习，要尽量运用你已经获得的知识和方法去主动地解决自己能解决的问题，把不懂的问题记下来，并在课上和老师、同学们一起讨论，这样，你对问题的印象才会深刻，也能增强自己独立解决问题的能力。

当然，课下练习也十分重要。这样不仅学习效果好，而且培养了自己的学习能力。同时，练习也是必不可少的，并且要有一定的量，要通过听课和一系列同步练习或专题练习，将基础知识和基本阅读及写作技巧牢牢掌握。

第二，学会做课堂的主人，而非被动式地接受课堂知识。

最有效的听课方式是积极的、主动，你只有发挥在课堂上的主动精神，才会大胆提问，大胆发表看法，积极参加讨论。因此，正确的听课的做法是：

带着问题上课。如果你带着一些未解决的问题进入课堂，就保持着较强烈的求知欲。此时，你会集中精力听教师讲重点、难点和要点。

紧抓老师思路。学生听讲要注意教师讲课中的逻辑性。如果听时遇到某一问题没听懂可迅速记下来，此时不必死钻“牛角尖”，还要顺着教师的讲解去听，那个问题可事后思考或提问。

哈佛启示

中学时代，听课是获得知识的基本途径。听好课是学习的基础，是取得好成绩的根本；如果你能做到认真听讲，做好笔记，你就能不断提高学习效率。当然，听课的方法很多，因人而异，只要有利于提高听课效率的方法，就是最佳方法。

哈佛人的学习安排

学习是一个长期的过程，需要青少年朋友们珍惜一点一滴的时间，并学会合理支配时间，从而形成一种能力，这样，你才会掌握学习的主动性，从而高效地学习，最终你会受用一生。

我们都知道，很多青少年在智力上并没有太大的差别，但学习效果却有很大的不同，这是为什么呢？其中一个很重要的原因就是他们对待时间的态度和方法不同。学习成绩优异者更重视时间，也能比较合理地支配时间，而那些学习成绩差的人则时间观念比较差，或不懂得如何安排自己的学习时间。对此，我们不妨看看青少年们敬仰的哈佛人是如何学习的。

在哈佛，教授们会时常提醒学生们要做好时间管理。的确，如果你不能做到珍惜时间学习，那么，当你停滞不前时，别人就超过了你。所以，你不能停步，你要不断向前，不断超越。要知道，任何一个成功者，都是抛弃了安逸，选择了奋斗。今天不努力，明天必定遭罪。哈佛告诉它的学生："学习时的痛苦是暂时的，未学到的痛苦是终生的。"

哈佛的博士生，可能每三天要啃下一本大书，每本几百页，还要交上阅读报告。哈佛过桥便是波士顿，前人类学系主任张光直在哈佛读博士那几年，没有上过桥，没有去过波士顿。

看完哈佛人的学习情况后，青少年朋友们，你应该能了解为什么他们能出类拔萃了吧。那么，你是不是也应该抓紧时间学习呢？当然，要抓紧时间学习，你首先要学会合理支配时间。

彤彤有个表哥叫王晓峰，虽说是表哥，但和彤彤同岁，和彤彤同一年进初中。在小升初考试结束后没有多久，周围的孩子们还在畅享这个悠长假期时，他就已经在他当教师的父母的指导下开始新学年的准备工作了，其中，重要的一项就是培养自己支配时间的能力，毕竟，进入初中后，学习任务会加重，只有安排好自己的时间，才能既学得好，又学得轻松。下面是他的暑假日记：

"我的理想是和妈妈一样当一个英语老师。于是，我决定要在英语上稍微多花些时间。妈妈给我选报了初一英语暑假辅导班，提前适应中学英语的教学方式和学习内容。当然，我同时也参加了语文数学课程的学习。除了学习外，我还爱体育运动，尤其是篮球。但是放假以后，我只能利用傍晚的一点时间，在楼下的训练场里和爸爸对练一下。为了让我有更多的机会锻炼身体，妈妈还安排我每天早上到小区的游泳馆里面游一个小时。她说，有个好身体，才能应付中学繁重的学习压力。游泳锻炼收效不错，因为最近打篮球，肺活量大增，跟爸爸比赛，总是轻松坚持到最后，那都是游泳的功劳啊！总之呢，我的暑假是充实的，进入初中以后，我也会合理支配自己的时间！"

正如这个男孩所说，他的暑假是充实的。的确，任何人，只有在自己的时间被充分利用而不被浪费的情况下，生活才是充实的，做事才是有效率的。对于青少年来说，你们在中学阶段课程比较多，要求也比以前高得多，这个时候你面临的学习任务比以前重得多，这就面临一个问题：怎样提高学习效率。

但事实上，很多青少年时间观念并不强，还是希望自己的生活和学习被老师和家长安排得妥妥当当。长此以往，他们会形成一种依赖心理，而这对于你的身心发展都是极为不利的。为此，你有必要从现在开始学会合理安排自己的时间。

首先，你需要认识到时间的重要性。

对于这一点，你可以从生活节律着手，可以在日常生活中，通过睡觉、吃饭等各种活动，利用生物性节奏，培养良好的生活节律。比如，你可以为自己制订一份家庭作息表，如早晨6点半起床，7点半准时出门……晚上8点前上床睡觉，保证自己晚上有10个小时的睡眠时间并持之以恒，逐渐培养一种守时惜时的习惯，那么时间意识、时间观念的培养自然是水到渠成。

其次，学会珍惜学习时间。

学习知识的过程本身就是一个领会——巩固——应用的过程，在这个过程中，听课就是领会的过程，不能领会就谈不上巩固和应用，就必须“重新学习”，白白浪费不应该浪费的时间，而且往往事倍功半。这种学习我们认为是“捡了芝麻丢了西瓜”。这种情况的出现，很多时候是因为你认识不到课堂时间的宝贵，认识不到上课时间的相对价值。

另外，还有一些青少年虽然形成了认真听课的习惯，但不重视自习课的时间。自习课看小说、玩耍，这样的习惯干扰了对知识的巩固过程。对知识的巩固必须及时，趁热打铁，否则就会迅速忘掉。还有的青少年珍惜上课、自习课时间，却浪费课余、课外时间，不重视知识的应用。知识的应用有课业练习、社会实践等。由于许多课余时间被浪费掉，课业练习达不到熟练的程度，也没能将所学的知识应用于实际生活中。这样的学习兴趣不浓，上进心不强，学习成绩依旧得不到提高。对于这些方面，都有必要针对性地去克服。

最后，学会懂得调节身心。

一些医学专家通过大量观察证明：一个正常人的体温一天中有3次变化，因而人在上午和午夜头脑较灵活，下午处于瞌睡状态，下午6点到8点之间人体温度峰值过后，很多人感到疲劳，学习效率低下。因此，你要学会利用效率高的时间段学习较难的知识，在“低潮”时，用来看看课外书或处理其他事情。

哈佛启示

作为青少年，你要向哈佛学子们学习，“一寸光阴一寸金，寸金难买寸光阴”，从小培养自己的时间意识，能帮助你学会珍惜时间和管理时间，从而真正成为时间的主人。

哈佛人面对考试时的心态和状态

每个青少年都必须面对各种各样的考试。你只有做到努力在平时，做好点滴的积累，才能避免因为准备不充分而导致的考试紧张，也才能做到厚积薄发。

我们都知道，每个青少年都不可避免地要面对各种各样的考试，在考试面前，大部分学生都有一定的紧张心理，也有一些学生因为平时不努力而抱着临时抱佛脚的心态。其实，这些心态都是导致他们考不好的一大主要原因。相反，那些注重平时积累、在考试前做到了有针对性地复习的学生多半都能做到“以不变应万变”，最终获得他们理想的成绩。的确，其实考试最终还是要靠自己的综合实力，绝不是靠碰巧就能获得成功的，因此，在考试中抱有投机心理，是绝不会取得好成绩的。

正像哈佛人所提醒的那样：现在流的口水，将成为明天的眼泪。今天不努力，明天必定遭罪。在哈佛大学，每个学生的考试压力都很大，他们每学期至少要选修4门主要课程，一年是8门课，4年之内修满32门课并通过考试才可以毕业。一般而言，学校都要求本科生在入校后的头两年内完成核心课程的学习，第三年开始进入主修专业课程的学习。因此，他们不得不抓紧所有的时间学习。正是因为有着充足的准备，在考试时，他们多半都能做到从容应付。

在哈佛，曾经有个叫查尔斯的学生，毕业后，他就职于纽约的一家软件公司，但他依然保留着在哈佛读书时的好习惯。

不久前，查尔斯所在的公司被一家法国大公司兼并了，公司新总裁告诉大家："新公司要有新风貌，我不会随意裁员，但毕竟这是一家法国公司，如果你的法语太差，那对不起，我只能请你离开了。就在这周末，公司将会举行一场法语考试，只有考试及格的人才可以继续留在公司。"

散会后，几乎所有的人都涌向了图书馆，他们决定要恶补法语，否则，他们将会被判离开，但查尔斯却像个没事儿人似的，他还和平常一样下班后就回家了。同事们都认为查尔斯肯定是放弃这次考试机会了，因为查尔斯毕竟是哈佛毕业的，再者，他已经积累了几年的管理经验，他要想找一份很好的工作并不难。

然而，最终的考试结果却让大家感到很意外，查尔斯这个被大家看做已经放弃了的人居然拿到了最高分。事后，大家提及这件事，查尔斯才道出自己学习法语的来由。在毕业后，他就来到这家公司，在工作中，他发现自己经常需要与法国人打交道，而不会法语的他感到很吃力，于是，他便开始自学法语。他利用可利用的一切时间，每天坚持学习，最终学有所获。

有个学习优异的初中生是这样学习的：

这名学生很聪明，平时老师和同学们都觉得他不爱说话，在课堂上的表现也不是很活跃，但每到考试成绩公布时，他的成绩总会令老师和同学们惊讶，尤其是那些文科的科目。

在一次班会中，老师让他与同学们分享学习的经验，至此，大家才明白他成绩优秀的原因。

他的学习方法是这样的：老师每讲完一节课，晚上他就会把老师所讲的内容复习一遍，并且每隔三四天，他又会把前面的内容大致复习一遍。由于复习及时，考试之前，他不用再像其他同学那样“开夜车”“临时抱佛脚”，也就能很轻易地取得好成绩了。

的确，我们不难发现，很多青少年朋友在学习的时候，常常用“临时抱佛脚”的方法学习，即明天就要考试了或者离考试时间不远了，他们对自己没有学好的科目进行突击学习。诚然，我们必须承认这种方法偶尔会帮你应付了考试。但实质上，这种方法并不能使你真正掌握知识。相信你也有这样的经验，一旦考试结束，你“临时抱佛脚”学来的知识立即又忘光了。其实，这种现象很正常，因为人的记忆规律显示，这种记忆只是临时记忆，过不了多久，它就会消失。所以，这种“临时抱佛脚”式的学习方法并不是科学的学习方法。

因此，要想真正考好，你就要有好的考试心态，这就需要你注重平时的积累。当然，除此之外，你最好还掌握一些消除考试紧张的心理方法。

第一，建立成功的自我意象。

美国的著名心理学家爱默生认为：“生动地把自己想象成失败者，这就使你不能取胜；生动地把自己想象成胜利者，将带来无法估量的成功。”要想取得考试的成功，就必须在内心确立成功的自我意象。因此，在考试前，你完全不必要为考试承担多大的心理压力，尽量放松自己，心里想象着自己已经取得了好的成绩，然后让这一份好的心态带你进入考试，相信你会获得好成绩。

第二，调整心态，沉着应考。

在考试前，你可以做几次放松自己的训练，比如，你可以做几次深呼吸，然后暗示自己：“我的状态不错，应该取得好成绩。”在考前几分钟应该自己安静独处，不要再和别人讨论知识上的问题，以免破坏自己胸有成竹的感觉。

第三，调整睡眠，不要“开夜车”。

一般晚上11点左右，就应该做睡眠的准备了。人如果睡眠不足，就容易烦躁，思维速度跟不上。上课迷糊，注意力不集中，想努力听讲，可一会儿就走神。考生应该清楚每天能做多少事，然后集中最好的状态来做。人的精力都是有限的，休息是为了更好地学习。

当然除了睡觉外，运动、听音乐、聊聊天、翻翻杂志、看看电视，都是自我放松和休息的方式。

运动减压是很好的放松方式，像散步、打球等对缓解紧张情绪都很有帮助。此外，轻柔的音乐也可以让人缓解和释放压力。

哈佛启示

机遇和成功总是留给那些做足准备的人，考试也是如此。和哈佛学子一样，平时珍惜点滴的学习时间、做好积累，你就能从容面对各种考试，就能取得好成绩。

最好的结果总在下一次出现

没有最好，只有更好。不要放松自己前进的步伐，因为我们明白，我们永远是在逆水行舟，不进则退。

我们都知道，现代社会对人才的要求越来越高。任何一个青少年，都必须要有不断学习和不断进步的意识，即使你已经是一个品学兼优的学生，你也不能骄傲自满。青少年们敬仰的哈佛学子们每次取得成就之后，都会在心中告诉自己，这还不是最棒的，还有下一次，下一次一定会做得更好！

在哈佛，有位著名的老师，他的名字叫沙尔，他曾经为学生们上过一次公开课，课堂开始时，他就说："我希望你们记住：最好的，在下一次。"接下来，沙尔教授对他的学生们说："同学们，你需要明白的是，现在你取得这点成就是微不足道的，也许你从同学们中间考入了哈佛，你认为自己是最优秀的了，但你和现在的同学相比呢，退一步说，也许你现在还是最优秀的，但和其他人比呢？诚然，取得成绩应该为此高兴，这表明你进步了，但你依然需要时刻记住，自己还能做得更好！这样，才能更快地向理想靠近。"

其实，哈佛人之所以优秀，也就是因为他们能做到不断超越，从不自满。这一点，值得所有青少年学习。在众多成功的哈佛人中，有个叫雷石东的人，他是很多哈佛学子的榜样。这位哈佛学子同样入围了2008年美国知名财经杂志《福布斯》评选的哈佛大学毕业的亿万富翁。

他在很小的时候，就表现出了其他人所没有的天赋——只要别人随便说出一个单词，他都能拼写出来。他的母亲为此感到很欣喜，便决定安排雷石东参加全国的拼词大赛。

雷石东是聪明并且努力的，他一路过关斩将杀进了决赛。但就在此时，他对成功居然陷入了一种不切实际的狂热之中，他已经开始幻想成功的场面了——尖叫声，呼叫声。然而，就在他真正参加考试时，他却拼错了一个简单的单词，就是这样一个小失误，致使他不得不离开赛场。

雷石东的表现让母亲很伤心，她不禁落下泪来。这一幕永远地刻在了雷石东的脑海里，从那时开始，他就立志，无论做什么，都不要自满，要成为永远的第一。

从此，每天早上，自打起床开始，他就告诫自己一定要努力，于是，除了学习外，他再也不去从事其他的活动。

工夫不负有心人，雷石东以该校300年来最高的平均分从波士顿拉丁学校毕业，被授予现代拉丁文奖、古典拉丁文奖和本杰明·富兰克林奖，并且获得了前往哈佛大学深造的奖学金。

从哈佛毕业后，雷石东的激情与永争第一的精神，让他时刻不忘奋发进取。50年间，雷石东抓住机遇，大胆地扩张使自己从一个机车影院的老板，成为一个年收入达246亿美元的传媒帝国的领袖。

从雷石东的经历中，青少年朋友们，你们学到了什么？的确，无论做什么，都要不断进取。这样，在今后的求学和人生道路上，你才能处处做到最好。

列夫·托尔斯泰说："一个人就好像是一个分数，他的实际才能好比分子，而他对自己的估价好比分母，分母越大，则分数的值越小。"现代社会，任何一个人，都应该认识到自身知识的局限，认识到学无止境的含义，才能放开眼界，不断地吸收新的知识。

球王贝利不知踢进过多少个好球。他那超凡的球技不仅令千千万万的球迷心醉，而且常常使场上的对手拍手叫绝。有人问贝利："你哪个球踢得最好？"

贝利回答说："下一个。"

当球王贝利创造进球满1000的纪录后，有人问他："你对这些球中的哪一个最满意？"

贝利意味深长地回答说："第1001个。"

另外，还有爱因斯坦的故事：

爱因斯坦是个名满天下的科学家，据说有一次他的学生问他："老师的知识那么渊博，为何还能做到学而不厌呢？"

爱因斯坦很幽默地解释道："假如把人的已知部分比做一个圆的话，圆外便是人的未知部分，所以说圆越大，其周长就越长，他所接触的未知部分就越多。现在，我这个圆比你的圆大，所以，我发现自己尚未掌握的知识自然是比你多，这样的话，我怎么还懈怠得下来呢！"

哈佛启示

任何一个人都有成为最好的愿望，但什么是最好的呢？其实，最好的结果永远在下一次，下一次就是明天，就是将来，正因为你没有达到，你才有不断进取的动力。在取得好成绩时，你当然应该高兴，应该庆祝，但你必须保持清醒的头脑，你必须告诉自己，我还可以做得更好。永不满足才是促使你不断攀登人生高峰的前提！

第3章　善于质疑 勤于发问：被动“填鸭”VS自主探究

当今社会，任何人都必须树立终生学习的理念。而真正有效的学习必须是自主的、探究性的。这也是哈佛学子们学习的原动力。任何一个青少年，在学习过程中，都应该做到善于质疑、勤于发问，这样，你才能做到将知识融会贯通，形成自己的知识系统，并最终养成受益终身的学习习惯。

别再等待老师把知识“喂”给你

现代教育提倡尊重学生的表达和自主发言，反对“填鸭”和“满堂灌”，作为青少年，也应该培养自己的学习意识和能力，而不是一味地等待老师把知识“喂”给你。

生活中，我们不难发现一个现象，两个年龄相仿的孩子，学习着相同的内容，学习成绩好的一定是那个主动学习、主动发问的孩子，他的自主学习能力较强，不需要家长和老师的督促。而相反，学习成绩差的，一定是那个处处需要老师和家长指引和督促的孩子。事实上，学习效果与自主能力是成正比的。的确，任何一个人的才能，都不是凭空获得的，学习是唯一的途径。学习的过程，就应该是一个主动求知的过程。任何一个青少年，都应该学会自主学习。

事实上，我们不得不承认的是，中国的中学采取的多半都是填鸭式的教育，而学生们也习惯了这种教育制度，而美国学校培养的是自主学习的习惯，这让中国学生与美国学生在大学选择了不同的生活方式和态度。

你若想成为和哈佛学子一样的优秀者，就必须培养自主学习的习惯。我们不妨先来看下面一个故事：

17岁的列宁，满怀理想考入了喀山大学。在接受共产主义的先进思想后，列宁的世界观和人生观都发生了彻底的改变。他不仅努力学习专业知识，而且积极投入了实现共产主义的政治活动中。但不久，他就被学校开除了。

“你们可以开除我的学籍，但开除不了我求知的心，我要在校外上大学！”就这样，列宁抱着这个坚定的信念，开始了刻苦自学的历程。

他搬到喀山市近郊的一个小村庄。这里到处是茂密的森林，环境十分幽静。每天天刚蒙蒙亮，列宁就从茅屋里走出来，开始了一天紧张地读书生活。

他时而大声朗诵，时而轻声默读，时而奋笔疾书。直到太阳落山，他才踱回屋子里。很快，茅屋的窗下，又出现了列宁挑灯夜读的身影。一天天，一月月，他总是这样紧张有序地学习着。

一年过去了，他自学完了大学的全部课程。后来他以校外生的资格参加了彼得堡大学的毕业考试。出乎所有人的意料，他在所有考生中名列第一，获得了甲等毕业证书。

列宁并不是天才，但他却以饱满的热情投入到各种学习中，这就是一种主动求知的精神。正因为如此，在学习时，他能做到潜心，不为外界干扰，正是这种专注，他自学了大学的全部课程，从而为其后来投入共产主义事业奠定基础。

对于青少年来说，可能你已经习惯了“填鸭式”“灌输式”的教育方式，你已经习惯了在老师或者父母的监督下学习，一直处于被动学习的状态。而事实上，这已经是一个终身教育时代，学习已经成为一个人一辈子的事情。联合国教科文组织出版的《学会生存》一书中指出：“未来的‘文盲’不再是不识字的人，而是没有学会怎样学习的人。”随着时代的进步、知识的更新换代，你如果不想被时代抛弃，你就必须转变自己的学习观念。

因为你终究是要步入社会的，而那时，你不可能再接受老师和家长的知识灌输，这就要看你的自学能力了。所以说，未来的竞争是自学能力的竞争。教育反映时代精神，在这个知识更新飞快的时代，只是一味地等待老师喂给你知识已经不现实了。

为此，你需要做到：

1. 端正学习目的

你为什么而学习？是父母强逼你学习，还是你有着伟大的梦想？如果你总是认为学习是一件无奈的事，那你又怎么可能投入全部的热情学习呢？因此，你不妨重新考虑一下自己学习的目的，真的是为了他人吗？

2. 学会排除各种干扰，消除各种杂念

一心一意想学习，全心全意谋进步，也就是心要静。如果你整天想着：“该买件新衣服了”“他为什么不理我了，是嫌我又多长个青春疤”“她为什么把我甩了，是不是喜新厌旧了”，整天为一些生活琐事和儿女情长之事烦恼，你又怎么能重视学习呢？整天想着“数学作业老师不检查，咱不做了”“语文做了也白做，不做了”“这章节太容易，有啥学的”，你的心又怎么能静下来呢？

3. 早动手

在学习上，你若动手早，你就有足够的时间，所做的准备就越充分；你动手晚，你的时间就越少，你的心就会越焦躁。

曾经有记者对某所著名的高中三年级某班学生进行跟踪调查，他们发现，中午吃饭时间不到30分钟，校园里已空无一人，教室已响起了琅琅的读书声；课间操集合时，每个同学都拿一个小本本，嘴里念念有词，他们在利用集合时间记英语单词！以这样的精神学习，还怕学不好吗？

4. 制订详细的学习计划

盲目学习是没有好的效果的，效率差的学习会让你的自信心逐渐消失殆尽，因此，你最好制订一份详细的学习计划：每天干什么，什么时间干，要有详细的计划，计划要切合实际，要略高于自己现在的学习能力。

从明天起，你将开始全新生活，订个详细的计划，让它来规范自己，约束自己，提醒自己，鞭策自己！依计划而行，则有条不紊，顺理成章；无计划行事，则盲无目的，失去所向。

5. 坚持你的学习计划

在《圣经》这本书中，记载了一个故事：

摩西带领以色列人出埃及，过红海，来到旷野，走了三天都找不到水喝，好不容易到了玛拉，却发现那里的水是苦的，百姓不由得大发怨言，因苦不已。他们不知道，只要再走一段路程，紧接着就到了以琳。那里有泉水和棕树，可以让他们安安稳稳、舒舒服服地扎营休息。

哈佛启示

任何一个哈佛学子都是青少年自主学习的榜样，他们从不指望老师，而是主动、积极地学习。事实上，如果你能养成自主学习的习惯，那么，你不仅能提高自己的学习效率，还能帮助你在离开学校后继续成长、成才。

目光犀利善于发现各种问题

哲人说：我爱我师，我更爱真理。一个人只有具备犀利的目光，才能察觉出他人所不能察觉出的问题，也才能发出自己的声音，才能不为传统所束缚，做到有所创新。

我们知道，当今社会是一个创新型社会，那些有想法的人才会受到重视，他们的发展潜能更大。我们甚至可以说，一个人的想法是与其命运有着极为密切的关系的。因为人的想法是大脑的活动，人的行为受其支配。任何一个青少年，都要有自己的想法，并且做到善于发现各种问题，而绝不是人云亦云。

在哈佛的课堂上，教授们必须随时更新自己的知识储备，因为他们会经常被学生提问。当然，学生讨论时质疑教师的言论、挑战现存理论是深受教授鼓励的。

在哈佛，曾经有位教授说：“哈佛不需要只会考试的应试机器。”因此，哈佛的教授要求学生们：有鲜明的个性，有学术精神，有领导能力。因为哈佛所培养的是国家未来的精英，是在政治、法律、金融、管理和学术各个领域的顶尖精英。哈佛重视的是一个年轻人的综合素质，从知识的适应能力到创造精神，从博雅文化到领袖气质。哈佛需要和培养的是有思想、有想法的人，他们坚信，只有这样的学生，才能推动人类社会的快速进步。

青少年朋友们，如果你去参观哈佛大学，你会发现，你会被他们浓厚的学习氛围所感染，但哈佛学子们并不会因此而产生高傲感。在哈佛的课堂上，他们都会踊跃地提出自己的问题，他们的创新思维和怀疑精神在这里大受鼓舞。

在哈佛，有个著名的景点——肯尼迪公园。在公园南门的石柱上，刻着肯尼迪总统在1963年说过的一段话，这段话的内容是：创造权力的人对国家的强大做出了必不可少的贡献；但质疑权力的人做出的贡献同样必不可少，特别是当这种质疑与私利无涉之时。因为，正是这些质疑权力的人们在帮助我们做出判断：究竟是我们使用权力，还是权力使用我们？

每天早上，千百个哈佛学子从这里走过，每看到这段话，他们就受到一次鼓舞。哈佛人知道，如果说严格的学术规范是独立思想得以存在的一个基本保障，那么怀疑精神便是独立思想得以形成的一个主要的内在动力。

青少年朋友们，在学习的过程中，你只有和哈佛学子一样，持怀疑的态度去发现问题，你才能真正获得知识。我们再来看看下面这个故事：

小泽征尔是世界著名的音乐指挥家。一次他去欧洲参加指挥家大赛，在进行前三名决赛时，他被安排在最后一个参赛，评判委员会交给他一张乐谱。小泽征尔以世界一流指挥家的风度，全神贯注地挥动着他的指挥棒，指挥着一支世界一流的乐队，演奏着具有国际水平的乐章。

演奏中，小泽征尔突然发现乐曲中出现不和谐的地方。开始，他以为是演奏家们演奏错了，就指挥乐队停下来重奏一次，但仍觉得不自然。这时，在场的作曲家和评判委员会权威人士都郑重声明乐谱没问题，而是小泽征尔的错觉。他被大家弄得十分难堪。在这庄严的音乐厅内，面对几百名国际音乐大师和权威，他不免对自己的判断产生了动摇，但是，他考虑再三，坚信自己的判断是正确的，于是，大吼一声："不！一定是乐谱错了！"他的喊声一落音，评判台上那些高傲的评委们立即站立起来向他报以热烈的掌声，祝贺他大赛夺魁。原来，这是评委们精心设计的圈套。前面的选手虽然也发现了问题，但都放弃了自己的意见。

这则故事中，倘若小泽征尔不能坚信自己的判断是正确的，和其他几位选手一样，即使发现了问题，也不敢提出来，或者放弃自己的意见，那么，在这场比赛中，他也只能和其他选手一样，被淘汰出局。

的确，那些人云亦云、不敢提出问题的人，不仅会失去成功的机会和别人的赏识，更遗憾的是，他们会失去那种让自己的思想自由迸发，最后被别人认可的快乐。

曾经有这样一则报道：

有一名六年级的小学生，他对蜜蜂进行了长时间的跟踪观察，他发现，蜜蜂的发音器官并不是科学家们所说的那样是用翅膀发音的，而是在翅膀的根部有一个发音器官。于是，接下来，他依然带着怀疑的态度，将自己的想法写成了论文，因而，他获得了第18届全国青少年创新大赛优秀科技项目创新银奖和高士其科普专项奖。

这就是一个善于观察并敢于怀疑的青少年。事实上，每个人都有自己的独立思想，对事物有着自己的看法。你也要和这名小学生一样敢于怀疑，因为真正有效的学习并不是死读书，而是自主性地、探究性地、学以致用性地读书。

哈佛启示

古人说：“疑似之迹，不可不察。”“于无疑处有疑，方是进矣。”青少年朋友们，对待一些问题，你也应和哈佛学子一样，要善于质疑，要敢于挑战权威。

课前准备让你能发现别人看不到的问题

“凡事预则立，不预则废。”对于青少年学生，课前准备至关重要。做好课前准备，能帮助你带着问题上课，能提高你思维的敏捷性，从而更好地吸收知识。

我们都知道，“满堂灌”是中国各级学校一大特色，老师在讲台上滔滔不绝地讲，学生在台下无精打采地听。很多青少年也已经习惯了这样的学习方式，然而，你是否经常感到学习很吃力、感到无法消化课堂知识？如果你能在课前做足准备，那么，在听课时，你就能做到有的放矢，听课效率自然高得多。青少年们敬仰的哈佛学子正是这样做的。

我们都知道，学生课后要花很多时间看书，复习。每堂课都需要提前做准备。课前准备充分了上课时才能在课堂上和别人交流，贡献你的个人思想，才能和大家一起学习。否则你是无法融入到课堂的教学中的，当每个学生都投入了时间认真准备了才可以快速推进课堂讨论的进程，而之前如果不做课前准备你就无法参加到课堂讨论之中。

哈佛的老师们也很注重对学生自主学习能力的开发，在哈佛的课堂上，纯知识或者纯技术性的内容是极少出现的。对于这些内容，他们有设计并录制精良的网上课程讲解，要求学生在课前自我学习掌握，课堂时间则由老师引导着，运用这些知识来讨论一个又一个的案例，活生生的案例不仅巩固了学生的知识，更开启了心智，扩大了视野。

的确，课前准备对于学习的裨益是多方面的。

首先，独立的课前准备能帮你独立地阅读和思考新知识，从而加快阅读速度，也有助于你的分析、综合、归纳、演绎、判断、推理等能力。

其次，课前准备能帮助你发现知识上的不足，从而做到查缺补漏。

最为重要的是，课前准备能提高你听课的效果。当你带着不懂的问题听课，目的明确，态度积极，针对性强，注意力容易集中，并能随时作出积极的反应。预习后不仅上课容易跟上老师的思路，而且在老师讲到自己已经懂得的那部分知识时，还可以把自己的思路和老师的思路进行比较，以取长补短，提高思维能力。

周涵涵学习成绩好的一个制胜法宝就是：预习和复习工作做得很到位。她很注重复习，每天放学回家后，她都会花一点时间，将课堂知识重新巩固一遍，对于那些没有弄懂的知识，她会寻求爸妈的帮助。而同时，她也很注重预习。正因为如此，她在上课的时候，似乎老师要讲什么，她都知道。

这天课间时间，同学们凑在一起聊天。

“我爸和我妈似乎一天都很忙，我放学回家，他们只会叮嘱我要好好学习，而不会花多少心思在我的学习上，更别说辅导我预习功课了。”一个同学这样谈到自己的父母。

“我爸妈倒不是，他们对我是盯得太紧了，我一回家，他们就会问我当天学了什么，从小学到初中这些年都是这样，这倒是一个很好的回顾、复习课堂内容的好办法，但回答完以后，我哪里还有多少时间去预习新课程？所以，我经常会觉得老师上课的内容很陌生……”

这时候，班主任老师，也走过来加入学生们的谈话：“我认为各个层次的学生都需要预习。成绩好的，预习工作可以跳出课堂跳出学科，拓展视野。而对学困生来说预习更重要，否则讲课时往往会被老师牵着鼻子走，没有一点自己的主动性，听课很累。而预习之后，假如这堂课上的三个知识点，他能提前弄明白一个甚至两个，那么就能较快进入课堂，听讲中也有侧重点和针对性。”

“是啊，预习和复习在学习过程中都很重要，一样都不能落下啊……”

的确，可能很多青少年认为，复习在学习过程中很重要，其实，预习也同样重要。

当然，前提是你必须掌握科学的预习方法。如果预习不得法，有时反而会适得其反。有时候，在准备的过程中，你原本只是抓住了一点皮毛，反倒认为自己都听懂了，上课就不注意听讲，这样就把知识的来龙去脉等重点错过了，显然是捡了芝麻丢了西瓜。

为此，你需要掌握以下两点课前准备的方法：

方法一：根据老师的上课方式预习。

在设计自己的预习方式时，最好先想想老师的上课方式是怎样的，或索性直接去问一下老师，怎么样预习。因为预习是为了课堂能听得更好，而课堂计划是由老师来制订的，所以孩子的预习也要与课堂配套起来。

方法二：与习题配套预习，以便帮助查缺补漏。

这就意味着，你在认真投入学习之前，先把要学习的内容快速浏览一遍，了解学习的大致内容及结构，以便能及时理解和消化学习内容。当然，这要注意轻重详略，在不太重要的地方可以花少点时间，在重要的地方，可以稍微放慢学习进程。另外，在准备前，你可以购买一本与课本配套的练习册，买练习本时特别注意，别买参考答案只有一个数字的那种，而要选择有详细解答过程的，这样有助于你理顺思路，做错了也能弄明白为什么错，对于不懂的地方就要做出标记。

哈佛启示

知识的积累，就像建造房子，从砖到墙、从墙到梁，是一个循序渐进的过程。青少年朋友们，在学习过程中，你一定要养成做好课前准备的习惯，它所需要的时间并不是很长，但效果会很好，磨刀不误砍柴工，就是这个道理！

勇敢地提问，加深对知识的理解

古人云：“学贵质疑，小疑则小进，大疑则大进。”质疑，是青少年学生自主探究的起点，也体现一个人自主发展的标志。有了疑问，才会产生自主探究的浓厚兴趣。

在中国，人们一直有这样一个传统的观念，听话的孩子就是好孩子。为此，很多青少年朋友认为，学好知识就要听话，记住老师传授的知识即可。而实际上，高效率的学习必须是自主的，必须是探究性的。为此，你必须从小开始培养自己敢于质疑的精神，在学习中勇于提出问题，敢于表现自己，敢于别出心裁，敢于挑战权威、挑战传统，从而养成想质疑、敢质疑、会质疑、乐质疑的良好习惯。

在青少年们向往的哈佛课堂上，所有的学生都踊跃向教授提问，哈佛教授们也就习惯了学生尖锐的质疑和直率的批判，许多教授公认没有受到学生挑战的课是最沉闷无聊的课，也是最失败的课。他们懂得，怀疑精神的培养，不仅是学生个人思想和学识增进的必需，也是国家和民族能够不断反思过去、质疑现在、求新求变、充满活力的必需。

在哈佛的课堂上，学生讨论时质疑教师的言论、挑战现存理论和方法的表现，是教师评分的重要依据。一个学生没有提出过疑问或不同见解，哈佛教授对他一般只会有两种判断：要么对这门学科不感兴趣，要么没有学习能力。无论哪一种情况，他都不可能获得很好的分数。

的确，勇敢提问、敢于质疑，你对知识的理解才更深刻、更全面；同时，大胆地对问题提出不同的见解，激发自己的求知欲，你就会一步步成为与众不同的成功者。

黎锦熙是我国著名的国学大师“民国”头十年他在湖南办报，当时帮他誊写文稿的有三个人。

第一个抄写员沉默寡言，只是老老实实地抄写文稿，错字、别字也照抄不误，后来这个人一直默默无闻。

第二个抄写员则非常认真，对每份稿都先进行认真仔细地检查，然后才抄写。遇到错字、病句都要改正过来。后来，这个抄写员写了一首歌词，经聂耳谱曲后命名为《义勇军进行曲》，他就是田汉。

第三个抄写员则与众不同，他也仔细看每文稿，同时积极思考，认真地推敲，但他只抄意见和观点正确的文稿，对那些意见和观点谬误的文稿则随手扔掉，一句也不抄。后来，这个人建立了以《义勇军进行曲》为国歌的中华人民共和国，他就是毛泽东。

“三个抄写员的故事”告诉青少年学生们：凡事过度老实，不去思考的人，永远都是处在混沌和危险之中。认真做事是重要的，而积极思考、敢于质疑和创新更为重要。

有一天，蕾蕾在预习语文课文的时候，发现课文中有一个错字，但她也不敢肯定，于是，就查了好几遍字典，结果证明自己都是正确的，于是，她就拿着书本去找正在看电视的妈妈：

“妈妈，你看，语文书上居然有错别字呢！”

“怎么可能，你们的教科书还有错误？”

“真的，妈妈，您看看嘛！”

“妈妈要看电视呢，你明天去问老师吧，估计老师也会说你错了。”妈妈不耐烦地对蕾蕾说。

蕾蕾一听，有点生气：“妈妈，你知道尽信书不如无书的道理吧，但你现在怎么这样呢？”

看着女儿情绪有点不对了，妈妈拿过书一看，原来，这个字果然是错的。

“对不起啊，女儿，妈妈错了，妈妈不该只顾着看电视，而打击你质疑问题的积极性，以后遇到类似的问题，你都可以来问妈妈，妈妈不知道的，也会找人帮你解决。”

“这才是我的好妈妈，谢谢妈妈！”

故事中的蕾蕾就是个敢于质疑的女孩。的确，事实上，青少年阶段的学生已经不是儿童了，他们的自主意识相对于儿童来说更强，在学习上表现得尤为明显，他们对于老师的话、书本上的知识在接受的同时，也不再像小学生一样全盘接收，他们对自己不明白的问题，有时候会产生质疑，并试图找出正确的答案。因此，在学习时，如果你有疑问，就要大胆地提出来，这是勤于思考的表现，这表明你有了初步的创新意识，产生了创新的冲动。

具体来说，你应做到以下两点：

1. 在日常生活和学习中多动脑。

思考是提出质疑、发现新问题的前提，许多非常成功的人，都是善于思考的。牛顿通过对苹果落地现象的质疑产生了关于重力的思想；爱因斯坦通过对太阳的质疑产生了关于相对论的思想；爱迪生因为最爱向老师问“为什么”而成为伟大的发明家。一个只知记忆，不善思考，不敢质疑问难的学生并不是好学生，他不会有创新能力，只能是一个平平庸庸的人。为此，你要想让自己有所突破的话，就要多思考。比如，在做数学题的时候，你可以多找出其他解决难题的方法。

2. 大胆地说出自己的想法

一个人具有想象力才敢于质疑，没有想象力的人就像一潭死水，没有生机和活力。为此，你要敢于说出自己的想法，遇到问题要敢于打破常规，发挥自己的想象力，凡事没有标准答案，要敢于提出不同的答案和见解，久而久之，你就能培养出善于想象的习惯了。

哈佛启示

每一个青少年都要和哈佛学子一样，抱着敢于质疑的态度学习，你才能增强自己的求知欲，才能产生积极的学习兴趣，从而高效地学习。

主动运用不同方法解决难题

对于同一难题，解决的方法有很多种，任何一个青少年在学习的过程中，都要开发自己的大脑，尽量运用不同的方法来解决，这样，你的思维能力便能在无形中得到提升。

自古以来，成大事者都是能独立思考的人，他们善于运用思维的力量，独辟蹊径的思维方式常常让他们“杀出重围”。哈佛人的成功秘诀也在于此。提到哈佛，可能你想起的不只是一所大学，更多的会想到赋予哈佛无限魅力的哈佛思维，是它让哈佛更为荣耀和神秘，让人神往。

哈佛大学的课堂上，教授们会告诉学生：一切竞争力的核心只有思维，它是指导成功的原动力。拥有独立的思维，你就能获得成功。如果你希望改变自己的状况，获得进步，那么首先要从改变思维开始。事实上，思维并不是单一的，同一问题的解决方法也绝对不止一种，很多时候，如果你能开动大脑，主动寻找其他方法，你就能达到一个新的思维高度。

哈佛学子们的成功也告诉所有青少年，成大事者和平庸之辈的根本区别之一，就在于他们在遇到困难时采取什么样的态度，采取什么样的解决方式。成功者的思维是开阔的，失败者的思维是狭隘的。

每个人都有独立的思考能力，当你把这种能力转变为创意时，你的生活现状也许就会发生质的改变。我们先来看下面一个故事：在美国加州，有一家老牌饭店——柯特大饭店。

曾经，这家饭店的老板准备筹建一个新式电梯，他重金聘来世界各地的著名建筑师和工程师，希望他们能一起解决这个建筑问题。

不得不承认，这些建筑师和工程师们的经验是丰富的，他们根据自己的经验提出，要改造电梯，饭店就必须停止营运，而这一点，实在让老板很苦恼，这意味着饭店将要遭受经济上的损失。

他问：“难道就真的没有别的方法了吗？”

“是的，我们一致认为，再也没有比这更好的方法了，饭店要停止营运半年，对于经济上的损失，我们也很难过……”建筑师和工程师们坚持说。

就在老板为此头疼的时候，饭店的一个年轻的清洁工说出了一句惊人的话：“难道非要把电梯安在大楼里吗，外面不可以？”

“多么好的方法啊！我们怎么没有想到呢。”工程师和建筑师听了，顿时诧异得说不出话来。

很快，这家饭店采用了年轻人的计策——屋外装设了一部新电梯，而这就是建筑史上的第一部观光电梯。

这位年轻人为什么能提出与众不同却又巧妙绝伦的解决难题的方法？因为他打破了传统思维。的确，在人们的观念里，电梯就应该安装在房间内部，想不到电梯也可以安装在室外。

事实上，生活中，很多人在解决问题的时候，都被这些传统思维限制了。问题不在于他们的技术高低、学识多寡，而在于他们突破不了常规的思维方式。工程师和建筑师被专业常识束缚住了，而清洁工的脑子里没有那么多条条框框，思路很开阔，所以才会想出令专家们交口称赞的妙招。

青少年朋友们，你是否有这样的经历，在做完老师布置的习题后，你就认为完美无瑕了？你是否考虑过，就同一道习题，抛开传统的解决方法，再动一动你的大脑，也许还能找出更多的方法。我们再来看下面这一则故事：

在所有的科目中，玲玲最喜欢数学。从小到大，她就像一个问号一样，总是问自己：“难道就只有这一种解题方法吗？”通常情况下，她从不在练习册上解答，因为练习册上的空页根本不够她解答，她会在作业本上抄下题目，然后列出很多种方法。

转眼，玲玲要参加中考了。老师为她担心的是，玲玲太爱思考了，在每道题上花的时间太多，会影响她答题的。为此，在考试前，老师还专门叮嘱她不要恋战。

然而，老师的顾虑是多余的。为了培养学生的多向思维能力，试卷结尾的几道数学解答题全部都注明：请运用两种以上解答方法。

考试结果出来后，玲玲居然得了满分，老师感叹：“这就是勤于思考的好处。”

看完玲玲的故事，你是否也有所感触？如果在学习中，你也能和玲玲一样主动运用不同方法解决难题，而不是为了完成学习任务，相信你也能获得良好的学习效果。为此，你需要做到：

1. 破除惯性思维

柯特大饭店的清洁工之所以能提出与众不同的解决方案，就是因为他能做到摒除思维惯性和思维限制。因此，在解决问题时，你最好也要做到摒除书本和经验的限制，从一个全新的角度考虑问题，你会发现，新方法应运而生。

2. 转换思维，多向思考

当然，要做到这一点，这需要你综合运用各种知识，从全局的角度考虑。

哈佛启示

哈佛告诉所有青少年朋友，生活中最大的成就是不断地自我改造，以使自己悟出生活之道。的确，在很多情况下，外物是无法改变的，我们能改变的就是我们的思想。遇到困难和变化时，让思维尽显其灵活和多变的本质，往往能得到更好的解决问题的方法。

第4章　精于理论，付诸实践：死记硬背VS实践出真知

哈佛告诉学生，在思想上有高度、有深度、有远见，这样的年轻人肯定会受到别人的称赞，但他们更应该懂得随时检验自己的行动是否与现实脱节。现实生活中，每一个青少年也应该记住这句话，在追求梦想的过程中，只有做到将理论和实践结合起来，将梦想与现实结合起来，将一切付诸行动，你的梦想才有实现的可能。

光想不做不会有好的结果

每个青少年的心中都有一个梦想，梦想是点燃激情的火把，它能激发一个人的潜能，但如果你只是幻想而不付诸实践的话，那么，你只能在一片幻想的迷途中越陷越深。

在现实生活中，我们不难发现一个现象，很多成功人士并不是高学历者，那些高学历者也并不一定能成功，这是为什么呢？其实，这与他们对待梦想的态度和行为不无关系。低学历者更注重实践，为了目标，他们一步一个脚印地努力，而一些高学历者则太过注重理论知识。这种现象在开放的社会已经较为普遍，我们并不是说这是一种必然，但从一个侧面可以看到，光想不做是不会

有好的结果的。

曾经有哲人说过，“梦想指引我们飞升”。我们都知道梦想的伟大力量，但把梦想变为现实只有一个方法，那就是行动。在哈佛的课堂上，教授曾经为学生讲过这样一个故事：

早川德次是日本著名的早川电机公司的董事长，这家公司因为生产著名的夏普电视机而闻名于世，而早川德次却是一个命运坎坷的人。小学二年级时，他的父亲就去世了，他不得不去一家首饰加工店当童工。

早川是个坚强的人，在他很小的时候，他就告诉自己：“即使我没有疼爱我的长辈，但我一定要努力生活，做出一番成绩来。”

童工生活是辛苦的，他在首饰店每天的工作除了烧饭带孩子就是干一些体力活。时间过得很快，一晃四年过去了，有一次，小早川终于鼓起勇气向老板提出：“老板，请您教我一些做首饰的手工好吗？”

老板一听，生气地对他说：“小孩子，你能干什么呢？你喜欢学的话，自己去学好了！”

早川一想，是啊，为什么要靠别人，自己去学吧，于是，从那以后，他开始留心店里的技术活，尤其是当老板找他帮忙时，他都尽量多看、多想，这样，他终于靠自己的努力学到了一些关于工作上的知识和技能。

功夫不负有心人，他成为了一个耳聪目明的人，18岁他就发明了裤带用的金属夹子，22岁时发明了自动笔。他有了发明，老板便资助他开了一家小工厂。

这种自动笔很受大众喜爱，风行一时。世界没有给他任何东西，但他却给世界很多。30岁时，在他赚到1000万日元以后，就把目标转向收音机界，设立平川电机公司。

早川德次为什么能够成功？因为他能够从零学起，能把梦想归于实践。

青少年朋友们，也许现在的你也有很多梦想，你可能希望自己能成为著名企业家、人民教师、歌唱家等，但无论如何，你要知道，理想不同于妄想和幻想，目标要切实可行，行动要脚踏实地。这样，你离你的梦想就不远了。

因此，哈佛也告诫学生，不管你的梦想多么高远，先做触手可及的小事。梦想是一个大目标，你需要做的是完成每天的小目标，这样，你朝大目标就近了一步，每近一步，你就会增加一份快乐、热忱与自信，你就会消除一份恐惧，你就会更踏实，就会从积极的思考进展成为积极的领悟，那么，就没有一件事情可以阻挡得了你。

有个中国留学生，在快毕业的时候，他带着自己的简历四处找工作。这天，他在唐人街买了一份报纸，报纸上刊登了一条招聘信息：澳洲电讯公司正在招人，年薪五万，这位留学生心动了，并且，他的条件完全符合，很快，他就在众多应聘者中脱颖而出了。

留学生原以为会马上签约，但谁想到，招聘主管居然问了一句："你有车吗？你会开车吗？我们这份工作时常外出，没有车寸步难行。"这句话把留学生问傻了，因为他既不会开车，也没有车，但他也明白，这名主管提出的问题是很合理的，因为在澳大利亚，公民普遍拥有私家车，无车者寥若晨星。为了争取这个极具诱惑力的工作，他不假思索地回答：

"有！会！"

"4天后，开着你的车来上班。"主管说。

4天？时间也太仓促了，但这名留学生很快想到了办法，他在华人朋友那里借了500澳元，从旧车市场买了一辆外表丑陋的"甲壳虫"。

第一天他跟华人朋友学简单的驾驶技术；第二天在朋友屋后的那块大草坪上模拟练习；第三天歪歪斜斜地开着车上了公路；第四天他居然驾车去公司报了到。时至今日，他已是"澳洲电讯"的业务主管了。

青少年朋友们，你遇到留学生这种情况，可能就会自动放弃应聘机会，因为不会开车。这是一个多么好的理由！可这位留学生则不同，他的这种心态很值得现在的青少年学习。

哈佛教授说，我们关于梦想的勾勒应该是这样的：我目前拥有什么，我从哪里做起才能让自己的生活发生一些正面的变化。

在生活中，可能你也看到不少人一夜成名，但如果你能细究一下，你会发现，他们过去的成功绝不是偶然的，正如有人说的“没有人能随随便便成功”。他们为了实现梦想早已投入无数心血，打好坚固的基础了。相反，也有一些人，他们雄心壮志、誓将要成就一番事业，但终其一生却碌碌无为、两手空空。差异产生的原因就在于行动，从身边的小事开始做起、注重实践，就会出现意想不到的机遇。

哈佛启示

任何一个青少年都必须明白，梦想的实现，需要你一步一个脚印地积累。因为进步是一点滴不断地努力得来的。你应该以哈佛人为榜样，从现在起，树立最适合自己的切合实际的梦想，才能达到激发潜能，推动人生的目的。

脚踏实地才是实现梦想的唯一途径

爱因斯坦说：“人的价值蕴藏在人的才能之中。在天才和勤奋两者之间，我毫不迟疑地选择勤奋，她是几乎世界上一切成就的催产婆。”梦想的实现是一个过程，是将勤奋和努力融入每天的生活中、工作和学习中，它没有捷径，它需要脚踏实地。

关于未来，可能每个青少年都有很多幻想，你们豪气万丈、为自己编织着美好的未来，或希望自己成为某个行业的精英，或拥有自己的事业等，树立理想是好事，它可以匡正你的言行，让你的努力都有一个明晰的主线，但无论如何，你千万要记住，只有脚踏实地才是实现梦想的唯一途径，对理想的憧憬，也千万别过了头。

如果你每天把大把的时间都花在了展望自己的未来中，而不制订实现梦想的计划，那么，你的梦想最终只会遥遥无期 。

哈佛大学著名的心理学教授丹尼尔·吉尔伯特认为：当一个人憧憬未来，在他看来，他似乎已经经历了那种美好，但实际上，这不过是一个想象的黑洞，是虚无的。的确，对于未来的过分憧憬，反而会抹杀自己对未来更为可靠的理性预测。

没有人可以在脱离行动之外就能收获成功，真正的喜悦也是来自实践过的经历。哈佛大学的心理学家认为，当人们尝试着估计自己能从未来的经历中获得多大的乐趣时，他们已经错了。人生只有经历过，才能品味出真实的味道，也只有脚踏实地地看待生活，才会活出自己。

一直以来，人们都赞赏那些有伟大梦想、眼光长远的人，但很多人在憧憬未来时，难免有几分浮躁之气。有时候，当事情还没做到一半时，他们就认为自己已经大功告成，开始飘飘然了。因此，青少年朋友们，你需要记住的是：急功近利，只讲速度，不讲质量，看不起眼前的小事，认为如此做不出什么名堂来，都是不可取的。

我们先来看一个年轻人的故事：

小陈是某名牌大学的经济系高材生，毕业前，他的梦想是考上国家公务员，如果不行，就考省里的，实在不行，市里的也行，这是他人生规划的一部分。他还想在城里买个大房子，把父母接过来，然后在城里安家立业。然而，很多时候，现实与人的愿望就是相差甚远，参加这些考试，要么是成绩不理想，要么是面试没通过。小陈曾经一度认为自己的人生就这么完了。

后来，小陈终于走出阴霾，考不上就去做别的，总有一条生存的路。于是，他开始找工作。他是个有抱负的人，他心想自己是个名牌大学的学生，能力也不比别人差，因此，一定要做出一番事业。终于，他投出的简历得到了回应。面试时，由于学历不错，长相谈吐也都大方自然，一些私企有意想录用他当文员或者秘书。“办公室里的好多人员学历不如我，能力也不如我，我觉得我大材小用了。”所以，辗转了好几次类似这样的工作，他就是做不长。

就在不知道何去何从的时候，他的表哥请他去家里坐了坐。他连小学都没毕业，如今却开着名车，还娶了城里漂亮媳妇。小陈心里很不是滋味。

表哥告诉他："其实，你应该感到幸福，你想想我，那时候，没有学历，没有背景，而你呢。有这么多人疼着你，还供你上了大学，长得一表人才，前途光明着呢，别丧气啊！人有时候就不能太较劲了，也不能急于求成，也不能把自己太当回事了。苦你得吃得，气你得受得。你哥我不就是盘子端过、碗洗过，被人骂过，一步一个脚印，脚踏实地地走，才有了今天！"表哥的经历让小陈彻底明白了一个道理：要想成功，起点固然重要，但脚踏实地的努力更重要。

大学毕业已经两年了的小陈，最终明白了一个道理：找不到理想的工作，与其自暴自弃，怨天尤人，还不如踏踏实实，在一个自认为还有着足够兴趣的岗位上一步一个脚印地走。小陈平静下来后，在省城一家四星级酒店找到了工作，现在他已经是前台经理了。

生活中，可能有很多人都和小陈有着相同的经历，满腔热情被现实浇灭，但扪心自问，问题却在自身，与其打着灯笼满世界找满意的工作，不如踏实下来，勤奋工作。要知道，没有伟大的意志力，就不可能有雄才大略。可能目前这份工作让你感到很沮丧，你觉得前途渺茫，但你真的做到勤恳工作了吗？既然没有，那么，何不尝试一下呢？努力工作，你会发现，成长始终伴你左右！同样，青少年朋友们，你也应该深知，要想实现梦想别无他法，只有脚踏实地。

其实，生活中，那些成功者往往是那些做"傻"事的笨人，输得最惨的也是那些聪明人，那些笨人深知自己不够聪明，所以他们努力学习、埋头苦干，最终他们如愿以偿了。而有些聪明人则不肯下力气，总想着要小聪明，投机取巧，所以往往输得很惨，所以智慧和实干比起来，实干更加不可或缺。

哈佛启示

梦想的实现必须扎根在现实的土壤上。任何一个怀揣梦想的青少年都应该让自己沉下心来进入角色，越早进入就意味着你越早成熟，离梦想的实现越近。

勇敢地用自己的脚走路

面对人生的困境，你要懂得，求人不如求己。总想着依靠他人帮助的人，总想有人能在危难时搀扶你一把，你永远也无法完成任何伟大的事业。实践出真知，一个经历过挫折并靠自己站起来的人，才能傲立于世，也才能开拓自己的天地。

众所周知，哈佛是人才的摇篮。在哈佛，诞生了7位总统，而约翰·肯尼迪就是其中的一位。这位美国第三十五任总统为美利坚合众国的发展做出了杰出的贡献，他的诸多事迹，在哈佛大学的讲堂上广为流传。

在约翰很小的时候，有一次，他和父亲去骑马，在一个转弯的地方，因为马跑得太快，肯尼迪没有反应过来而从马上摔了下来。

小肯尼迪很伤心，他以为父亲会过来扶他起来，谁知道，父亲居然就坐在离他不远的地方抽起烟来。

“爸爸，快来扶我！”肯尼迪朝父亲喊起来。

父亲问道：“你摔疼了吗？”

儿子带着哭腔说：“是的，我感觉自己爬不起来了。”

父亲严厉地说道：“那也要自己站起来，重新爬上马背。”

于是，小肯尼迪只好自己挣扎着站起来，并且摇摇晃晃地爬上了马，他抱怨着自己的父亲“你为什么要这样做？”

父亲语重心长地说：“儿子，你要记住，人生其实就是一个不断摔倒和重新站起来的过程，跌倒了，爬起来，奔跑，再跌倒，再爬起来，再奔跑。在任何时候都要靠自己，没有人会去扶你的。”

肯尼迪的故事告诉所有青少年朋友，任何一个人，都要勇敢地用自己的脚走路。一个人，如果总是处于被保护的状态，总是依靠他人的帮助成长，那么，他是无法成才的。然而，我们不难发现，生活中，一些青少年，由于家庭的影响，从小就缺乏独立性格和自主意识。遇到困难，一味将希望寄托于他人便会使自己形成惰性，从而使自己失去独立思考和行动的能力。

英国历史学家弗劳德所说："一棵树如果要结出果实，必须先在土壤里扎下根。同样，一个人首先要学会依靠自己、尊重自己、不接受他人的施舍，不等待命运的馈赠。只有在这样的基础上，才可能做出成就。"

诚然，一个人自打出生起，总要或多或少地依靠来自自身以外的各种帮助，比如父母的养育、师长的教诲、朋友的关爱、社会的鼓励……没有人可以完全离开他人的帮助而独立存在。然而，我们也不得不承认，有一些人却把自己立身于社会的希望完全寄托在父母和朋友的身上。这样的人，显然不可能在生活上自立自强、在事业上有所作为。有句话说：靠吃别人的饭过日子，就会饿一辈子。现实生活中的青少年朋友，你要明白，只有拒绝做温室中的花朵，才能成为一个实用型的人才，才能成为一个能独立解决难题的人。

潜能激励专家魏特利曾说过这样的话："没有人会带你去钓鱼，要学会自立自主。"他曾经历过这样一件事：

19岁那年，他的朋友特别多。一天，有个朋友和他约好，就在周日早上，他们一起去钓鱼，魏特利很高兴，因为他还不会钓鱼。

头天晚上，他先收拾好所有装备，如网球鞋、鱼竿等，因为太兴奋，他居然还穿着自己刚买的网球鞋就上床了。

第二天一大早，他就起床了，把自己的东西都准备好，他还时不时地朝窗外看，看看他的朋友有没有开车来接他，但令人沮丧的是，他的朋友完全把这件事忘记了。

魏特利这时并没有爬回床上生闷气或是懊恼不已，相反，他认识到这可能就是他一生中学会自立自主的关键时刻。

于是，他跑到离家最近的超市，花掉了他所有的积蓄，买了一艘他心仪已久的橡胶救生艇。中午的时候，他将自己的橡胶救生艇充上气，顶在头上，里面放着钓鱼的用具，活像个原始狩猎人。

随后，他来到了河边，魏特利摇着桨，滑入水中，假装自己在启动一艘豪华大油轮。那天，他钓到了一些鱼，又享用了带去的三明治，用军用壶喝了一些果汁。

后来，他回忆这次的光景，他说，那是他一生中最美妙的日子之一，是生命中的一大高潮。朋友的失约教育了他凡事要自己去做。

生活中最大的危险不在于别人，而在于自身。不在于自己没有想法，而在于总是依赖别人。依赖足以抹杀一个人意欲前进的雄心和勇气，阻止自己用自己的努力去换取成功的快乐。依赖会让自己日复一日地滞足不前，以致一生碌碌无为。过度依赖，会使自己丧失独立的权利，它是给自己未来挖下的失败陷阱。

哈佛启示

别人所给予的永远都不会属于你自己。一个想要成功的人，不应满足于送入笼中的食物，而应该努力掌握自己捕猎的技能。任何一个青少年都应该记住肯尼迪的话——勇敢地用自己的脚走路，然后找寻开启这个世界的钥匙。没有什么神明能保佑你，能帮助你摆脱现状的唯有自己——你就是自己的主人。

打破书本知识的束缚

任何一个人都应该注重科学文化知识的积累，但更应该从书本中解放出来，要崇尚科学自由，勇于挑战传统与权威。

相信不少人都听说过“哈佛裸奔节”，的确，就有人曾经在哈佛见证这一盛举。

在某个学期期末考试的前一天晚上，一些学生来到了哈佛校园的“起跑点”，他们神态自若，有的穿着睡袍，有的裹着大毛巾，大多数人是光着脚穿着运动鞋。然后，他们脱下身上的衣服，一丝不挂，而周围看的人却裹得严严实实。

一声哨响，一百多人的裸奔队伍从哈佛园的那头尖叫着冲了过来，男多女少，一大片人影从眼前快速闪过。参加裸奔的学生都很兴奋，不少学生还像出席盛大的舞会那样，打扮得很有个性。

可能你会感叹，他们为什么要裸奔？美国名校学生当众裸奔有以下两个理由：

如果当众裸奔都不怕了，期末考试还用怕吗？

如果身体都不受束缚了，思想还会被束缚吗？

哈佛的“裸奔”其实在英文中并不是裸奔的意思，而是“原始的尖叫”（PrimalScreaming），以这种尖叫来发泄自己的情绪，尽情放松整个学期下来那已绷得极度紧张的大脑神经。

在美国的名牌大学读书，压力很大，据调查显示，哈佛百分之七八十的学生都患有不同程度的抑郁症，他们千方百计地寻求摆脱压力、释放压力的方法，裸奔也许就是一种他们认为较有效果的方法。

当然，从哈佛学生的裸奔行为中，我们更能看出来：他们并不是刻苦学习的书呆子，而是敢于解放思想的勇者。

现代社会，强调创新，任何重大成果的发现，都离不开创新意识的发挥。任何一个青少年朋友，在学习科学文化知识同时，都应该摒除生搬硬套和墨守成规这两点，学会突破，你才能真正学到知识。

法国心理学家约翰·法伯曾经做过一个著名的实验：

他的研究对象是一群毛毛虫，这些毛毛虫被他放到一个花盆的边缘上，按照循序围在花盆上，首尾相接。然后，他找来一些毛毛虫爱吃的松叶，放到离花盆不远的地方。可是，令他感到奇怪的是，这些毛毛虫并没有“心动”，还是一个接着一个，继续绕着花盆爬行，就这样，一小时过去了，一天过去了，好几天过去了，一连走了七天七夜，它们最终因为饥饿和精疲力竭而相继死去。其实，如果有一个毛毛虫能够破除尾随的习惯而转向去觅食，就完全可以避免悲剧的发生。

后来，科学家把这种喜欢跟着前面的路线走的习惯称之为“跟随者”的习惯，把因跟随而导致失败的现象称为“毛毛虫效应”。

这个效应告诉我们，盲目地跟随他人不一定有好结果，我们的生活需要创造力。创造力是指产生新思想，发现和创造新事物的能力。生活中的青少年朋友们，都是未来社会的主人，应当具有锐意变革的精神，才能使自己始终处于竞争中的有利地位。

古人云：“读万卷书、行万里路。”学习的最终目的是学以致用，对于青少年朋友来说，社会才是人生真正的战场，只有社会才能历练出一个成熟的人。

哈佛大学的一位专家也指出：学校里学的东西是十分有限的，在工作中和生活中所需要的相当多的知识与技能，完全要靠我们在实践中边学边摸索。社会是更大的一本书，需要经常不断地去翻阅。作为新时代未来接班人的你们，也应该注意在学习的时候，将理论与实践结合起来，这样的学习才是智慧的学习。

具体来说，你需要做到以下几点：

1. 善于变被动为主动

萧伯纳有一句名言：“明白事理的人使自己适应世界，不明白事理的人想使世界适应自己。”

人的成长就是一种不断适应和调整自己的过程。生活中，那些在学习和工作上被动的人，最终都找不到前方的路，而那些积极上进的人，他们都敢于创新，即使他们遇到了暂时的困惑，最终他们也能走出低谷，有所成就。

因此，在学习中，你也应该有主动的精神，只有主动地、积极地学习，才是有效率的、创新的学习。

2. 善于学习前人的经验

像牛顿这样的科学家，在概括自己的科学理论成果时都说，他是站在巨人肩上的矮子。牛顿当然不是矮子，而是巨人，但他确实是站在前人的肩上的。没有牛顿对前人知识的学习、吸收和批判，就不可能有牛顿的科学理论创新。

你需要多看书和参加社会实践，多了解一些生活规律，用前人的经验来充实自己。

3. 敢于坚信自己

创新能否最终获得成功，相信自己很重要，有自信，你就敢走自己的路，就不怕失误、不怕失败；在大多数情况下，不自信走“小路”的人，通常也难成为创新型人才。

4. 敢于打破各种定见和共识

要想成为一个有创造力的人，你需要：

第一，不要迷信权威；第二，不要太依赖他人，学会独立思考；第三，摒除观念思维、经验主义等主观定势，不要给自己上思维枷锁，你不仅需要敢于挑战书本的权威，也需要敢于自我否定。

哈佛启示

哈佛人是刻苦学习的，但也是疯狂的，他们更是锐意创新的。青少年朋友们，你需要记住的是，敢于打破书本知识的束缚、在实践中历练自己，你才能真正获得知识、得到成长。

现实不承认猜想，踏踏实实做事

每一个青少年都应该有梦想，年轻人想的远不是坏事，但同时你也应该做得踏实，因为现实不承认猜想。

每年，在哈佛毕业生即将离开学校时，他们都会被告知：无论你在学校时多么优秀，毕业后你都会是一个0，都是一张白纸。的确，在社会的浪潮中，唯有踏踏实实干事，不浮躁、不轻狂的人，才能成就一番大事。这就好比一座建筑是由一砖一瓦砌成的，每一砖一瓦本身显得并不怎么重要，但是缺少了它们，高楼如何建起？同样的道理，成功者的一生都是由无数个看上去微不足道的小方面构成的。

哈佛学子也懂得在刚刚步入社会时，让自己沉下心来进入角色是非常重要的，越早进入就意味着越早地步入事业的轨道。每天都让自己成熟一些，浮躁之气自然会少下来。正如爱迪生所言，成功中天分所占的比例不过只有1%，剩下的99%都是勤奋和汗水。

同样，对于青少年朋友来说，无论是对于学习还是生活，你都要树立踏实的态度。要想获取成功，就得付出坚强的心力和耐性。艾森豪威尔说："在这个世界，没有什么比'坚持'对成功的意义更大。"的确，世界上的事情就是这样，成功需要坚持。雄伟壮观的金字塔的建成正是因为它凝结了无数人汗水的结晶；一个运动员要取得冠军，前提是必须要坚持到最后，冲刺到最后一瞬。如果有丝毫之松懈，他就会前功尽弃，因为裁判员并不以运动员起跑时的速度来判定他的成绩和名次。

然而，我们不得不否认的是，浮躁的现象在青少年朋友中普遍存在，具体的表现在于：事情才刚刚做到一半，他们就觉得已经大功告成了，便开始松懈起来。急功近利，只讲速度，不讲质量，看不起眼前的小事，认为干它没有什么意义。他们的兴趣没有被提升起来，挑战自己和别人的欲望也被压抑着。

在哈佛，有一位教授曾经为学生们讲过这样一个故事：

在日本的一家小工厂里，有一位工人，初中学历。

他的上司总是对他说："这事要这么做。"无论上司说什么，他总是一一记下，生怕漏了什么。每天，他的话都不多，总是埋着头做自己的事，额头流汗。无论上司布置什么任务，他都日复一日、不厌其烦地认真完成。在工厂里他毫不显眼，一直默默无闻，但从无牢骚，也从无怨言，兢兢业业，孜孜不倦，持续从事着单调而枯燥的工作。

20年后，当他已经离职的老上司再看见他时，吃了一惊。那么默默无闻、只是踏踏实实从事单调枯燥工作的人，居然当上了事业部长。而且令他惊奇的不仅是他的职位，从言谈中可以体会到，这位工人已经是一个颇有人格魅力，且很有见识的优秀的领导。“取得今天这样的成就，你很棒！”老上司由衷地说。

的确，这位工人看上去毫不起眼，只是认认真真、孜孜不倦、持续努力地工作。但正是这种坚持，使他从平凡变成了非凡，这就是坚持的力量，是踏实认真、不骄不躁、不懈努力的结果。

事实上，现实的生活对每个人都是一场综合的考验，不会对谁网开一面。每一个哈佛学子深知，即使他们毕业于人们羡慕的哈佛大学，即使他们已经掌握了很多书本上的知识，但这并不意味着他们的实践能力比别人强，为此，他们在毕业时，都会告诫自己毕业后一定要有踏踏实实干事的作风。

“节制和劳动是人类的两个真正医生。”伟大的哲学家卢梭的这句名言对现今的青少年仍有很好的教育意义。哲人说：“所谓人生，归根到底，就是一瞬间、一瞬间持续的积累，如此而已。每一秒钟的积累成为今天这一天；每一天的积累成为一周、一月、一年，乃至人的一生。同时，伟大的事业乃是朴实、枯燥工作的积累。如此而已。那些让人惊奇的伟业，实际上，几乎都是极为普通的人兢兢业业、一步一步持续积累的结果。”

在中国，先贤们也曾给过我们训示：年轻人要志存高远，坚信“王侯将相，宁有种乎”；也要踏实奋进，懂得“一屋不扫，何以扫天下”的道理。踏实做事、本色做人，每一个年轻人在社会的浪潮中都能很容易找到自己的位置，并更加顺利地践行自己的理想。为此，青少年朋友们，当理想和现实交织在一起的时候，你应该能把握二者的关系了。

哈佛启示

每一个青少年都应该学会哈佛学子们踏实肯干的精神，从现在起，无论是做事还是学习。你都要做到不腻烦、不焦躁，埋头苦干，不屈服于任何困难，坚持不懈。只要你坚持这样做，就能造就优秀的人格，而且会让你的人生开出美丽的鲜花，结出丰硕的果实。

第5章 成长为自己的模样：衣来伸手VS独立生活

哈佛大学的教育宗旨是培养有独立思想的学生。它告诉学生，人活着并不是因为千篇一律而是要有所价值，那些伟人，都是拥有自己独特的思想，并坚持走自己的路的人。因此，都要记住这句话，每个人都需要独立，学会独立思考，独立决策，才能摆脱依赖性。因此，从现在起，你必须拒绝依赖，学会独立思考、独立解决问题，只有自立自强，你才会真正成熟起来。

越自立的人，越容易超越他人

一个人要想成功，要想创建辉煌的霸业，就必须使自己具备非凡的能力，练就一身过硬的本领。然而要做到这些，我们首先应该是个独立的个体，也就是说首先应该自立。越是自立的人，越容易超越他人。

有人说，人生是一场面对种种困难的“无休止挑战”，也是多事多难的“漫长战役”，这场战役必须由我们每个人自己去打，其他人是无法代替的。同样，对于每个青少年朋友来说，无论在学习上还是生活上，你都必须自己面对，若总是缺乏主动性和信心，那么，你的这场人生之战最终是会失败的。毕竟，每个人成长环境不一样，导致的性格和品质也有不同，现在一些青少年在父母这把“保护伞”下，越来越娇气，导致他们永远也不会长大。你要明白，你只有学会独立行走、大胆地向前冲，才会“拾级而上”，勇敢地追逐自己的理想和目的，才能成为一个超越自我、超越他人的人。

在哈佛的课堂上，讲过小仲马的故事。

小仲马是法国著名的小说家，他从小在父亲大仲马的熏陶下就开始喜欢文学创作，尤其是写小说，但在开始创作的头几年，他的稿子总是被编辑退回来，他很苦恼。

看到儿子如此受打击，大仲马对他说：“你可以直接告诉他们你是我的儿子，那么，也许情况会好很多呢？”

小仲马固执地说：“我绝不。如果这样，我就是踩在你的肩上摘苹果，用这种方法摘到的苹果又有什么味道呢？”他拒绝了父亲的建议，并且，还给自己取了十几个不同的笔名，并且用这些笔名给很多编辑寄了自己的文章。

当然，小仲马后来还是接连不断地遇到退稿的情况，但他并没有沮丧，而是鼓励自己一定会成功。

后来，他寄出了自己的长篇小说《茶花女》，这次，他的文章震撼了一位老编辑，这位老编辑是细心的，他发现，这篇小说的寄出地址和自己多年的好友大仲马的地址是一样的，因此，他怀疑这是大仲马采取了另外一个笔名写的作品。因此，他带着这些疑问去拜访大仲马。

令他没想到的是，这部小说的作者竟然是大仲马的儿子小仲马。“你为何不在你的稿子上署上你的真实姓名呢？”老编辑不解地问小仲马。小仲马说：“我只想拥有自己真实的高度。”

哈佛的教授为学生们讲小仲马的故事，是希望他们能记住，一个人，只有自立，才能做真正的自己，才能超越他人。的确，自立是生存之本，只有自立才可能超越自己，超越他人，才能实现自己远大的理想和美好的愿望。

自立是一个人在生活中开展一切活动的基础。所谓自立，指的不仅仅是一个人独立、自主地做一件事，还包括一个人在处理某些事时是否有勇气。

关于自立，爱默生在其文章《自立》中阐述得很清楚：人活着就是要相信自己；不要太在意别人怎么想，不要被他人奴役……当然，在现实生活中，要使自己的言行举止真正与这几点相吻合，恐怕有些困难。但你必须努力去做，因为这些内容都是衡量个人尊卑的标准。一个自立的人才能做到自主，才能令人尊敬，而那些甘愿成为别人附庸的寄生虫则会让人鄙视。

曾经有一位成功的推销员，他说，一个人，如果总想着听从别人的指挥或者靠别人的指点来做事，那么，他永远也不可能取得成功。一个好的推销员是靠业绩来说话的，要有好业绩，首先必须自立，锻炼出顽强的意志，这是成功的根本。显然，他的成功是因为具有较强的独立自主精神与顽强的意志力。

可能有些青少年朋友会认为，父母都喜欢听话的孩子，只要我听话就好，然而，这样的你只能永远生活在父母的臂弯里，永远长不大。诚然，听话的孩子肯定不笨，理解力强，善解人意。然而，这是一个强调创意的年代，如果你习惯于听话，那么，在未来社会，你就很可能迷失自己，因为当找不到那个权威的发话人，他不知道该听谁的。

拿破仑说："人多不足以依赖，要生存只有靠自己。"德田虎雄说："人，谁都想依赖强者，但真正可以依赖的只有自己。"福泽谕吉说："没有独立精神的人，一定想依赖别人，依赖别人的人一定怕人，怕的人一定阿谀谄媚人。"

总之，青少年朋友们，你应该明白，一个人要想取得事业上的成功，甚或一个小小目标的达成，必须首先使自己完全自立。因为自立是我们立身处世的基础，没有自立我们将寸步难行。那么，从现在起，你不要总想依赖别人了，即使父母也有厌烦的时候，何况别人还会向你索要回报，甚至会控制你的自由，还可能将你引入歧途。

哈佛启示

每一个青少年朋友，若想和哈佛学子一样超越他人，首先就要做到自立，做一个堂堂正正、顶天立地的人，靠自己的双手播种，用自己的智慧浇灌，以自己的力量收割，最终才能心安理得地享受自己的劳动果实！

戒掉依赖感，做独立少年

人的成长就是一个不断独立的过程，任何一个青少年都要学会依靠自我，用自己的双手来经营人生。

我们都知道，哈佛大学是全美国排名第一的学府，更是全世界学子向往的地方。人们谈到哈佛大学的学生，多半有一个感慨——他们太苦了。每个哈佛学子都深知在进入社会前的学习有多么重要。因此，当他们由世界各地来到这所大学时，他们就能做到独立生活、独立学习，并且开始培养自己独立的思想。事实上，培养学生的独立思想，也是哈佛大学的教育之本。

在哈佛，每一个新生在入学时，都会拿到一本《哈佛学习生活指南》，在非常显著的地方，用加大、加粗的字体甚至套色印着这样两段话：

独立思想是美国学界的最高价值。美国高等教育体系以最严肃的态度反对把他人的著作或者观点变为己有——所谓剽窃。每一个这样做的学生都将受到严厉的惩罚，直至被从大学驱逐出去。

当你在准备任何类型的学术论文——包括口头发言稿、平时作业、考试论文等时，你必须明确地指出：你文章中有哪些观点是从别人的著作或任何形式的文字材料上移入或借鉴而来的。

每个青少年都应该记住哈佛大学的教育宗旨，并以哈佛学子为榜样，逐渐培养自己的独立思想。

然而，我们不得不承认的是，现代社会，不少青少年都有过于依赖他人的性格弱点，无论是学习还是生活中，他们都过分顺从别人，生怕会被周围的人冷落。一旦某种亲密的关系即将终结时，他们就会有一种被抛弃的感觉。他们当然缺乏独立性，不能独立生活，在生活上需要他人为其承担责任，做任何事都没有主见，在逆境和灾难中更容易心理扭曲。

其实，人生成功的过程也就是个人克服自身性格缺陷的过程。青少年身上的这些有优越的成长环境带来的弱点，可能影响你未来的婚姻家庭等生活状况，同时也影响你的人际交往、职业升迁、事业发展……因此，如果你也有依赖性格，就必须从现在起，靠自己的努力克服。我们先来看下面一个故事：

从前，有一对夫妇，到了晚年才得子，高兴异常，所以对这一“老来子”十分疼爱，几乎不让孩子做任何事，这个孩子除了吃喝以外什么都不会。就这样，这个孩子慢慢长大了。

一天，老两口要出远门，担心儿子在家没法照顾自己，就想了一个办法：临行前烙了一张中间带眼儿的大饼，套在儿子的脖子上，告诉他想吃的时候就咬一口。

可是，这个孩子居然只知道吃颈前面的饼，不知道把后面的饼转过来吃。等老两口出门回来时，大饼只吃了不到一半，而儿子竟活活饿死了。

当你看完这则故事时，你是否有所启发？学会独立自主地生活，才具备生存的能力。“自己动手，丰衣足食”就是这个道理。

其实，不仅在哈佛，在世界各地，很多成功人士已经意识到培养孩子独立思想和独立能力的重要性。比如李嘉诚，尽管他拥有亿万家财，但对于子女的教育问题，他一直比较重视，并且，他非常注重培养孩子独立生活的能力，他这样做，是为了让孩子练就靠自己生存的本事。

李嘉诚有两个儿子，就在他们还只有八九岁时，他们就遵循父亲的意思经常参加董事会，并且，他们不能只是旁听，还必须发表意见和见解。这样做的好处在于，他们能看到长辈们是如何处理公司的事务，锻炼他们处理和分析问题的能力。

后来，他们都考上了美国斯坦福大学。毕业后，他们也曾向父亲表示想要在他的公司里任职，干一番事业。李嘉诚断然拒绝了他们的请求。

李嘉诚是这样对两个儿子说的：“我的公司不需要你们！还是你们自己去打江山，让实践证明你们是否合格到我公司来任职。”

于是，他们都去了加拿大，一个搞地产开发，一个去了投资银行。他们凭着从小养成的坚忍不拔的毅力克服了难以想象的困难，把公司和银行办得有声有色，成了加拿大商界出类拔萃的人物。

李嘉诚教育孩子的方法无疑是正确的，父母作为孩子成长的坚实后盾，永远在孩子的身后给予他最多的支持与信任，越早放手越是父母对他们最大的爱。而从他的教育方式中，作为青少年，你们自身也应有所启示。

青少年朋友们，如果你对他人有依赖感，你不妨从以下几个方面努力戒除：

1．要破除习惯性地依赖

对于依赖型人格的人而言，他们的依赖行为已成为一种习惯了，为此，你首先需要戒除这种不良习惯。你需要检查自己的日常行为中哪些是要依赖别人去做的，哪些是自主决定的，你需要坚持一个星期，然后将这些事件分为自主意识强、中等、较差三等。

2．要增强自控能力

对于自主意识差的事件，你可以通过提高自控能力来改善；对于自主意识中等的事件，你应寻找改进方法，并在以后的行动中逐步实施；对于自主意识较强的事件，你应该吸收经验，并在日后的生活中逐步实施。

3．吃得自主、穿得自主、玩得自主

在不影响饮食均衡的情况下你应该自己选择吃什么。例如在饭后吃水果时，是吃苹果，还是吃香蕉，你完全可以自己选择，自己决定。

青春期是个性张扬的年纪，这一点，很大程度上体现在穿衣打扮上，因此，你可以在听取家长建议的情况下，根据自己的喜好购买衣服，当然，要与你学生的身份相匹配，而不应该过分追求个性。

4．学会独立解决问题

依赖性是懒惰的附庸，而要克服依赖性，就得在多种场合提倡自己的事情自己做。因此，生活中，你再也不要让家长当你的贴身丫环了，也不要让家长帮你安排所有的事。如独立地解一道数学题，独立准备一段演讲词，独立地与别人打交道等。

哈佛启示

每一个青少年都要谨记哈佛大学的办学宗旨，凡事靠自己，形成独立的性格，才能真正成长为一个成熟的人。

靠自己的双手成功，掌握自己的命运

任何一个人，只要不把你的命运交给别人，你就能决定自己的命运，你就能靠自己的双手成功。

哈佛学子在入校之初，就被告知：别人认为你是哪一种人并不重要，重要的是你要掌握自己的命运；时刻坚信自己，才能战胜灵魂深处的弱点，才能始终处于不败之地。

的确，每一个哈佛人都是与众不同的，这一点体现在他们的抗争精神上，为了把握自己的命运，他们从不服输、从不气馁，这也许就是为什么哈佛人能成功的原因。

在课堂上，教授们会为学生讲述这样一个故事：

曾经有个两周岁左右的小男孩，一次被年轻的妈妈牵着小手来到公园的广场前，这个广场上，有个几十个阶梯的台阶，母亲原本准备牵着小男孩上台阶，但没想到的是，这个小男孩居然挣开了母亲的手，要自己爬上去。

然而，台阶实在太高了，当他爬了几个台阶以后，他觉得很害怕，就回头看看妈妈，结果妈妈还是站在原地，也没有要抱他的意思，只是给了他一个鼓励的眼神。于是，他回过头来，继续爬，尽管很吃力，但他手脚并用，最终还是爬上去了，直到这儿，年轻的妈妈才过去将儿子抱起来，并在儿子的脸蛋上狠狠地亲了一口。

这个小男孩，就是后来成为美国第16届总统的林肯。他的母亲便是南希·汉克斯。

林肯出生很卑微，他是一个私生子，并且相貌丑陋，言谈举止都不招人喜欢。

这些缺点都让敏感的林肯感到很自卑，最终，他决定靠自己的力量改掉这些缺点，于是，他拼命自修以克服早期的知识贫乏和孤陋寡闻。没有好的学习条件，他就自己创造，他曾用小木棍在地上写字，他不放过任何一个学习的机会。后来，林肯做过很多工作，当过工人，当过律师，也失业过。他从29岁起，开始竞选议员和总统，前后尝试过11次，失败过9次。在他51岁那年，他终于问鼎白宫，并取得了辉煌的业绩，被马克思称为“全世界的一位英雄”。

母亲南希在林肯9岁那年不幸病故。但毫无疑问，她用坚强而伟大的母爱抚养了林肯，使他勇敢而坚定地走向未来。

生活中的每一个青少年都应该从林肯的成长经历中获得启示，只要不把你的命运交给别人，你就能决定自己的命运。一个人想要成功必须具有自信。不需要依靠别人，自己的人生，由自己操纵掌控。其实，对于你们来说，你的成长过程也就像走楼梯的台阶，随着时间的推移，你走过的台阶就越多。显而易见，如果家长牵着、搀扶着你走，你就会逐渐产生依赖性，最终只会把父母当成拐棍而难以自立。如果你被父母抱着上台阶，那么，你就会成为“抱大的一代”，不经风雨，不见世面，更难立足于社会。

我们发现，生活中，就有这样一些青少年朋友，平时，饭来张口，衣来伸手，上学接送，晚上要父母陪读，甚至考上大学还要父母跟着做“保姆”。大学毕业后找工作，又得父母跑单位，这样的人是很难自立成人、大有作为的。相反，如果你能自己去登这人生的台阶，那么，即使你摔了很多次，但你在摔跤的过程中，积累了不绊倒的经验教训，也锻炼了你的意志，这对于你个人的成长是受益无穷的。

莎士比亚曾说：“假使我们自己将自己比作泥土，那就真要成为别人践踏的东西了。”如果你自甘低贱，屈服于命运，那命运的轨迹就很难自动转弯。

事实上，命运往往就是这么奇怪，它在赐予一个人成功之前，大都要设置下一道道屏障，来考验一个人的毅力与勇气。因此，那些怯懦者，只能在失望和抱怨之中，走过一生。而只有那些知难而进、勇于跟厄运搏击的人，才能最终品尝到命运之神的精美馈赠。

畅销书作家刘墉曾经有过这么一段经历：

他的第一本书《萤窗小语》写完之后，原本打算找出版社给他出版，但却没有得到任何回应，后来，他不得不花钱出版，但没想到的是，他的书却卖得很火，连当初拒绝他的出版社都跌破眼镜。

刘墉对于自己的成就，他是这样说的："幸亏他的退稿，我才有今天。"不过刘墉本人有另一个说法，他说："当你站在这个山头，觉得另一座山头更高更美，而想攀上去的时候，你要做的第一件事，就是走下这个山头。"所以，即使今天的刘墉已经成功了，但他并没有放弃自己所坚持的，也不会因别人的眼光而改变，这才是真正的自信。

哈佛启示

任何一个青少年都要有哈佛人的精神，都要记住，每个人的命运，只能靠自己设计，靠自己转弯。

有主见，勇敢表达自己的想法

每个人对一个事物都有一个主观的看法和评价，一味在意别人的看法，你将找不到属于自己的路。

每个人都需要有自主意识，这才能成为一个独立的生命个体。每个青少年都已经逐步进入心理成熟期，自主意识都越来越强，常有一种想要自己做决定的愿望和要求，但长期的家庭教育让一些青少年已经习惯了听从长辈们的意见，久而久之，当他们的这种需求得不到满足，就有可能导致他们产生消极的自我评价，而这一点可能会深植于他们的内心。长大以后，他们可能会缺乏判断力和选择的能力，缺乏责任感，凡事依赖，缺乏主见。

为此，每一个青少年在年少时就应该训练自己的自主意识，当自己与他人意见不同时，要勇敢表达自己的想法，而不是人云亦云。每一个成功的哈佛人都是这样做的，他们相信，人生只属于自己，一味遵循他人的思想，不敢面对真理是懦弱的表现，这样的人生是悲哀的。我们应该成为主宰自己命运的人，走自己的路，走出自己的风格，走出自己的个性，我们的人生才会是独特的，才会是精彩的。

在哈佛，曾经有一位学生爱好文学，他自己写了一篇小说。这天，他来到一位著名作家的家里，希望作家能为自己指点一二。但不巧的是，这位作家患了眼疾，不能看书。这位学生便提议为作家读。读着读着，一篇小说便读完了，就在他结束时，作家问：“结束了吗？”学生一听，很高兴，这不说明他对我的小说很感兴趣，觉得意犹未尽吗？学生的激情立马又被燃烧起来，他赶紧说：“没有啊！下部分更精彩！”他以自己都难以置信的构思叙述下去。

接下来，当他正准备结束时，作家好像又难以割舍地追问：“结束了吗？”

作家的反应让学生很欣喜，他心想，我的小说一定是太精彩了，才让作家欲罢不能。这样一想，他更加兴奋了，然后继续跟着自己的思绪往下读……突然，家里的电话铃声响起来，学生的思路被打断了，作家不得不结束和学生的谈话，最后，作家说：“说实话，你的小说太冗长了，在我第一次问你是否该结束的时候，你就应该收笔了，而你却画蛇添足，看来，你还是应该在把握小说情节和脉络这一点上下工夫啊。”

听完作家的指点，学生追悔莫及，看来自己会错意了，自己是个容易受人影响的人，恐怕自己很难在写作上有成就。

但不久，这位学生又遇到了另外一位作家，便把自己曾经的事向对方提及了，谁知这位作家惊呼：天啊，你有着作家最为重要的天赋——思维敏锐、才思敏捷，你会成功的。

不同的两位作家，从不同的方面给予了截然相反的两种评价。学生听后，不禁茫然。

那么，为什么会产生这样的现象呢？其实，这正如人们常说的：“一千个读者眼中，就有一千个哈姆雷特。”对于同一件事，人们的意见和看法很可能是不同的。对于青少年朋友来说，在遇事时，你也应该有自己的主见，而不应该和故事中的这位学生一样，因为他人不同的意见而陷入茫然之中。

元朝有个著名的学者，叫许衡。在他身上曾经发生过这样的一个故事：

有一次，他跟着一群小朋友到荒郊野外去游玩、嬉戏。大家都玩得很开心、很疯狂，因为天热，这群孩子不久就觉得口渴了，这个时候，他们刚好看见路旁有一棵梨树，于是，大家便争相前去抢食梨子以解渴。

当大家吃得津津有味、口水直流的时候，忽然发现许衡一个人安安静静地坐在树下，并没有参加抢梨大战。

有些孩子觉得奇怪，大家吃梨解渴，很是开心，为什么单单就许衡一个人不去摘梨呢？有人问他，他却淡淡地回答说：“不是自家的东西，不能随便摘。”

许衡这么说，大家都不以为然，直觉得扫兴，还纷纷回嘴说：“现在是什么时期？兵荒马乱，许多人家死的死、逃的逃，这只不过是一棵没有主人的梨树而已，为什么不能摘来吃？不吃白不吃，未免太傻了吧！”

许衡有点恼怒，立刻一本正经地回答说：“这棵梨树或许真的没有主人，可是我们的心，难道也没有个主张吗？一定要随心所欲偷吃不属于自己的东西吗？”

许衡的做法是对的，一个人，活着就必须要活出自我，要有自己的主张，这样才能维持一个人的格调。一般人都只有“偏见”，而少有“主张”，尤其是自己独一无二的“主张”，所以难有吸引人的“特质”。

总之，青少年朋友们，自主意识渐强的你一定要有自己的想法，要有自己的原则，当你自己认为自己的观点是正确的时候，没必要为了讨好别人而迎合别人，也没必要因为害怕得罪人而对别人的要求来者不拒。

要做个有主见的人，你需要做到：

1. 要有自己的兴趣爱好

每个人都有自己的个性，也许你的父母希望你能按照他们的兴趣、爱好规划自己的人生，对此，你可以听取父母的意见，并告诉父母你自己的想法，而不是一味地听从父母的话。

2. 学会自己选择

成年人有大量的选择机会，你们也应该学会自己选择。生活在一个多样化并不断选择的时代里，你必须能够做出有根据、负责任的决定。如果你了解自己的偏好，对自己的偏好充满信心，足以顶住外部的压力，并且能够全面考虑自己做出的选择可能给自己及他人带来的后果，你就能做出更加正确的决定。

3. 敢于说“不”并不意味你可以把自己的想法强加于人

生活中，有一些青少年，他们很任性，只要他们想要的，就希望得到满足，只要他人的意见与自己不同，就希望别人能放弃自己的想法认同自己，其实，这并不是真正的自主。你需要认识到的是，一个真正独立自主的人，不仅要有自己的想法，而且要尊重他人的想法。

哈佛启示

哈佛人独立的个性告诉所有青少年朋友们，再也不要认为自己还小，什么都依靠父母，你应该学会独立了，学会独立地生活、独立地学习，拥有独立的思想，这样，你才能真正成熟起来。

不等着他人铺路而是走自己看好的路

当你认为自己选择的路正确时，请坚持你的选择，别太在意别人怀疑和反对的态度，坚持自我，你会有更大的突破。

在哈佛大学的课堂上，很多学生都对理查德·何塞这个名字很熟悉，因为他的名字经常被教授们提起。

理查德是哈佛毕业的高材生，但令别人感到惊讶的是，他并没有和其他毕业生一样就职于某家大企业或者成为某一行业的技术骨干，而是成了一个出类拔萃的油漆匠。

理查德的父亲也是一位手艺很好的油漆匠，在他年轻的时候，他成功偷渡到了洛杉矶，但移民生活是辛苦的，而他正是凭借这一手好手艺在洛杉矶站住了脚。后来，因为一个大赦，他拿到了绿卡，他一家人也就成了名正言顺的美国公民。

理查德是个懂事的孩子，在他很小的时候，为了减轻父亲的工作压力和生活压力，他常常会帮父亲干一些油漆活。几年下来，他不但掌握了父亲所有的手艺，还在很多方面有所创新，这让他的父亲感到很诧异。

理查德在读书方面也表现出了与众不同的天赋，他在学校的成绩一直是前三名，他在社区服务的记录一直是最好的，而且，他还获得过全美中学生美术展油画铜奖，这就使得他轻而易举地被哈佛大学录取了。

在哈佛读本科的四年，理查德虽然成绩一直名列前茅，但他似乎一直忘不了油漆工作，他觉得自己只有在刷油漆的过程中，才是快乐的，为此，一到周末，他就赶紧回家，然后摆弄油漆。

很快，四年大学毕业，他坚持不继续深造，而是在洛杉矶找了一份不错的工作。

理查德在工作中也一直很努力，为此，老板嘉奖了他很多次，但他就是忘不了油漆，一次，当老板问及他对公司有什么建设性意见时，理查德不假思索地说："公司经常要把一些零部件拿到外面去油漆，这样，浪费了成本不说，每次油漆的质量也不怎么样，如果公司能成立这样一个专门的油漆部门，那么，这个问题便能很好地解决。”

老板笑着说：“这简直太难了吧，买设备倒是小事，但我们去哪里找那些优秀的油漆工呢？”

理查德说：“用不着找了，你面前就有一个。”

于是，接下来，理查德道明了自己的想法，以及自己过去的经历，他还说，自己想招收一些年轻人，由自己亲手培训。这个想法打动了老板，于是，老板当即决定，成立油漆部，由理查德任经理兼技师。

回家后，理查德兴冲冲地告诉父亲自己提升了。听完儿子的话，老父亲半天没说出话来，他当然反对儿子这么做，但他也知道，自己是阻止不了儿子的。事实证明，理查德是对的，经过几年的经营，这个油漆部的工作非常出色，白宫有些用品都指定在这里加工。

为什么理查德的故事在哈佛大学被广为传诵？因为哈佛希望学生们能明白，一个人，只有走自己的路，坚持自己的想法，才能真正走出一条与众不同的康庄大道。

的确，人应该是独立的。独立行走，使人类脱离了动物界而成为万物之灵。我们的成长过程就应该是一个逐渐独立与成熟的过程。但现代社会，对有些青少年来说，对别人尤其是父母的依恋常常困惑着自己。一旦失去了可以依赖的人，他们会常常不知所措。如果你具有依赖心理而得不到及时纠正，发展下去有可能形成依赖型人格障碍。

随着物质生活水平的提高，我们发现，很多青少年正在走着父母为自己铺的路，这些父母要么把帮助孩子积累财富当成“终生事业”，千方百计地为孩子积累钱财，要么在孩子还年少时就为孩子设置一条人生路，而他们没有意识到的是，这会让青少年养成依赖性和惰性，缺乏毅力和恒心，缺乏奋斗精神，将来也无法立足于社会。那么，如果你所希望走的路与父母的想法相背离时，你是坚持自己的想法还是听从父母的意见呢？

我们不难发现，那些真正的成功者多半都是特立独行的，在他们追求成功的道路上，虽然也听到了来自各方的反对的声音，但他们始终坚持自己的信念，无论别人反对的态度有多么强烈，他们都坚持自己的意见，这才使他们有了更大的成就。

其实，许多事例证明，别人给予你的意见和评价，往往不是正确的。

音乐家贝多芬在拉小提琴时，他宁可拉自己的曲子，也不愿做技巧上的变动，为此，他的老师曾断言他绝不可能在音乐这条道路上有什么成就。

20世纪最伟大的科学家爱因斯坦4岁时才会说话，7岁才会认字。老师给他的评语是“反应迟钝，不合群，满脑袋不切实际的幻想”。

大文豪托尔斯泰读大学时因成绩太差而被劝退学。老师认为他“既没读书的头脑，又缺乏学习的兴趣”。

如果以上诸位成功人士不是走自己的路，而是被别人的评论所左右，那他们就不会取得举世瞩目的成就。

因此，青少年朋友们，在成长的路上，你不必过于在意别人的看法。用心思考，你会发现，任何一个成功的故事无不来自于一个伟大的想法，成功之人之所以能摘取成功的果实，就是因为他们能坚持聆听自己内心真正的声音，为此，他们能抵挡住来自外界的怀疑和反对，最终他们取得了成功。

哈佛启示

哈佛告诉学生，人活着并不是因为千篇一律而有所价值，那些伟人，都是拥有自己独特的思想，并坚持走自己的路的人。

中篇

哈佛学子内在的力量

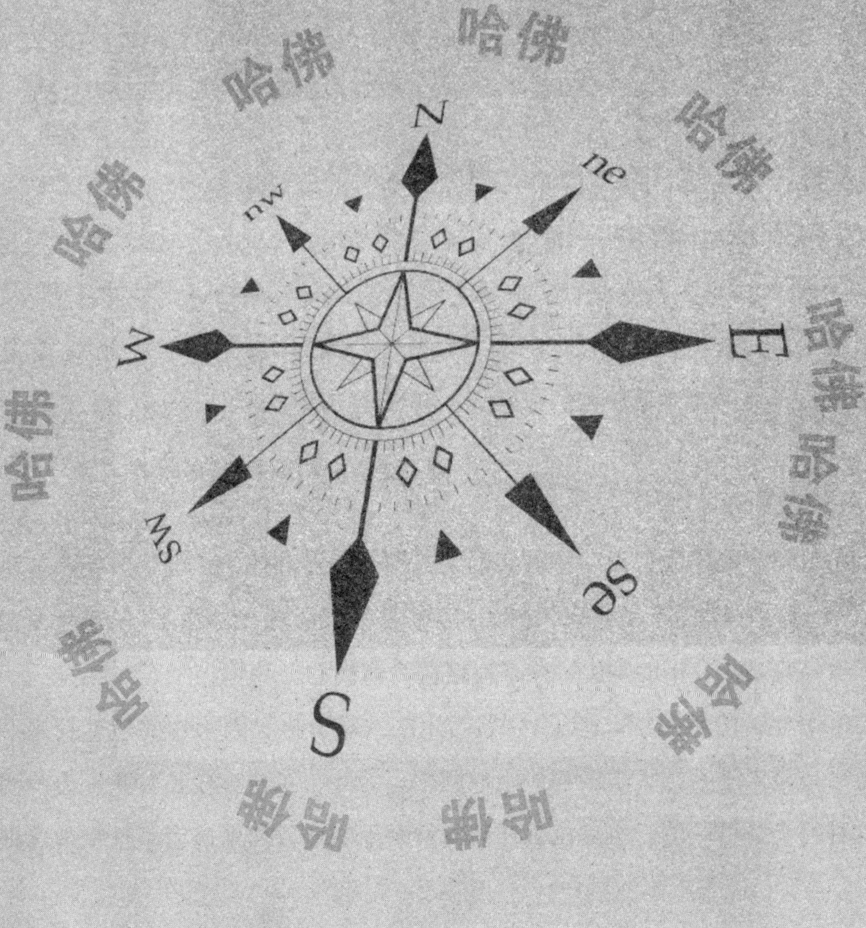

第6章　绽放品格之花，优秀的品行是成功人生的前提

众所周知，哈佛是培养世界顶尖人才的摇篮，每年，都有成千上万的学生从哈佛毕业，然而，他们从哈佛收获的不仅是知识和能力，还有品质。这些品质包括诚信、责任心、坚持原则、善良、感恩等，因为哈佛人明白，品质比能力更重要。一个人，必须要懂得先做人后做事的道理，才能真正立于世，才能成为一个合格的、优秀的社会人。

诚信是人生中的第一桶金

做人最要紧的是诚实，一个人不诚实，人家就不相信你，失信于人，就不会有威信，也就什么事情也干不成了。

哈佛学子爱默生曾说，“诚实的人必须对自己守信，他的最后靠山就是真诚。”富兰克林说，“诚实和勤勉，应该成为你永久的伴侣。”哈佛大学的教育宗旨一直是：合格的学生必须是以诚信为前提的。

2005年，哈佛大学取消了119名新生的入学资格，因为这些学生利用一些黑客手段侵入了哈佛大学的学校录取网站。为此，克拉克校长对此发表声明：“这种行为是可耻的，也是没有任何商量余地的，任何申请者一旦发现这种行

为，都将不予录取。”

在哈佛，每一个学生都懂得，诚信是一个人的立身之本，是一切美德和能力的基础，如果失去了诚信，将失去一切。人可能有许多美德：勇敢、智慧、服务、创造力、帮助、乐观，等等，但如果是一个不诚实的人，说假话的人，这一切都将失去，因为基础没有了。

青少年朋友们，在培养自己的性格时，先要把诚信作为培养的第一要务。并且，要在现在的学习、生活中着手，只有把自己历练成为一个“言必行，行必果”的人，你才能形成一种人格魅力。

在美国，曾经发生过“169个儿子来认爹”这一事件。

很多年前，美国纽约的一家慈善协会准备为一家孤儿院盖一所房子，就在他们准备施工时，却挖到了一座坟墓。于是，这家慈善协会就在报纸上登出了启示：这位死者的家属可以来办理迁坟事宜，也将获得五万美金的赔偿款。

这天，没有工作的爱德华无意中看到了这一启示，他心想，真是要发财了。因为他的老父亲就曾经葬在那片土地附近。当然，他很清楚的是，那并不是他的老父亲，但五万美金实在真是一笔巨款，经不住诱惑的他甘愿去充当一回孝子。

可是，要办理认领手续还需要很多相关的文件证明，爱德华实在太聪明了。他先到旧货市场找到了一张三十多年前的旧发票，再到“丧事物品店”花了六美元，让人在旧发票上盖了一个章，证明他三十年前曾为父亲在这里买过葬品。爱德华做得天衣无缝，喜出望外地跑去认爹了。

在这家慈善机构，接待爱德华的是一位漂亮的小姐，她对爱德华很热情。但爱德华要尽量表现出一个孝子失去老父的悲痛心情，他陈述着自己是多么的难过，甚至掉下泪来。可接待小姐却笑了，说，你不必这样，老人家毕竟已经入土三十年了，活人不该再这样悲痛。爱德华感到自己是有点过了，不再装腔作势。

但接下来发生的事，却是爱德华怎么也没有想到的，小姐先记录了爱德华的姓名、住址以及联系方式，然后，她很淡定地告诉爱德华：“你已经是来认爹的第169位了。当然，你们并不可能都是这位老人的儿子，所以，我们需要一一审查。”

爱德华简直呆了，他完全没有想到，原来和自己一样贪财的人居然有这么多。

实际上，当时的美国正经受着一场诚信危机，人们都站出来呼吁诚信。

这件事很快被美国的一家媒体知道了，他们将这169位寻爹人的姓名都公布了，旨在告诉人们，即使你再贪财，爹也是不能乱认的。

随后，坟墓中老人的验尸报告也出来了，这位老人最起码已经去世160多年了，很明显，这169位健在的寻爹人都是假的。事情让人哗然。

这真是一个耻辱。

这家慈善机构很快宣布：大家如果真的想认爹，那么，收容所有很多，他们每人都将得到一个爹。

这一闹剧发生后，美国上下深受震动。各界人士纷纷站出来讲话，呼吁诚信，提倡道德，重整人心，号召人们一定要做一个诚实坦白的人，一定要靠自己的劳动创造自己的未来。

经过这次事件，爱德华大受打击，他很惭愧，他收起了这份报纸，金子样地保存着，以警示自己，一定要做一个诚实可信的人。

从那以后，爱德华决定要靠自己的双手成功。就这样，经过十年的努力，爱德华成了美国通信器材界的巨头。当人们问及他的成功秘诀时，爱德华说，诚实，是诚实帮助了我，使我懂得了做人，使我有了事业并学会了如何待人，大无畏的诚实给我了一切。一个诚实可信的人，虽然会被人欺骗，常常吃亏，但最终会赢得信誉，受人爱戴，并获得成功。

诚实，一直是美国人无比注重的东西，也是美国人创业腾飞的武器。做一个诚实的人是任何一个民族强大起来的根本。

因此，青少年朋友们，如果你总认为他人不信任你、不对你敞开心门，那么，你不妨反省一下自己，你是否欺骗过自己的朋友、亲人，你是否尽心尽力地为你周围的人办过事等。

一个晴朗的早晨，曾子的妻子梳洗完毕，准备去集市买一些东西。她出了家门没走多远，儿子就哭喊着要跟着去，为了让儿子乖乖地待在家里，她许诺儿子回家后杀猪做酱汁烧的蹄子、猪肠炖的汤给儿子吃，孩子高兴地目送妈妈远去。当她回家后，果真看见丈夫在杀猪，她急忙上前拦住丈夫，说道："家里只养了这几头猪，都是逢年过节时才杀的。你怎么拿我哄孩子的话当真呢？"

曾子说："做人要言而有信，尤其在小孩面前更是不能撒谎的。他们年幼无知，经常从父母那里学习知识，听取教诲。如果我们现在说一些欺骗他的话，等于是教他今后去欺骗别人。虽然做母亲的一时能哄得过孩子，但是过后他知道受了骗，就不会再相信妈妈的话。这样一来，你就很难再教育好自己的孩子了。"

的确，你也要和故事中的曾子一样，要做到一言既出，驷马难追。言而有信，才能赢得别人的信任，这是做人做事的一大原则，"人而无信，不知其可也"。任何一个人，在青少年阶段必须培养健全的人格，用人格魅力交到朋友，取信于人。

哈佛启示

任何一个青少年，都应该以哈佛学子为榜样，一定要捍卫诚信的品格，与朋友交往要诚信，因为一个做事做人均无信的人，是很难在社会上立足的。

让善良之花在内心绽放

善良的品质不是人人都具有的，但人人却都能感受得到它的存在；善良不是人们与生俱来的附着物，但却是能够在净化自我心灵的过程中得到升华的人格成分。

我们都知道，每个哈佛人都是精明能干的，聪慧的，但同时，他们也是善良的。哲人说，善良是爱开出的花。善良是哈佛学子优良的品质，是心地纯洁、没有恶意，是看到别人需要帮助时毫不犹豫地伸出自己的援助之手。

中国人常说：“人之初，性本善。”这句话并不只是说人的本性是善良的，更是要告诫生活中的每一个人都要心存善心，帮助他人有时候并不是为了回报，而是让内心更为快乐安然。

因此，每一个青少年在修炼自己良好品格的同时，都不要忽视善良这一点。实际上，我们生活的周围一直都不缺乏那些为他人、为社会贡献力量的善良的人。比如，2008年，汶川地震后，多少热血青年身赴灾区，帮助那些深陷困境中的人们、支援灾后重建工作；很多创业者成为成功的企业家后，却不忘回馈社会，用自己的绵薄之力支持慈善事业；一些闹市中的青年们，在忙碌之余，会带上自己的爱心来到孤儿院、敬老院，为他们带来欢乐……善心是人类与生俱来的本性。

从前，有个心地善良的人。这天，他看到一只蝎子掉进水里，他赶紧伸手进去救那只蝎子，谁知道，这只蝎子居然狠狠地蜇了他一下，疼死他了。

被蜇疼了的这个人下意识地松了一下手，蝎子又掉进水里。这人一看，赶紧又伸手救蝎子，结果，蝎子又蜇了他一下……旁边的人看见了，都说这个人很傻，不明白他为什么被蜇了，还要救这只可恶的蝎子，他是这样回答的：“我当然还要救它，因为我们都知道，蜇人是蝎子的天性，这很正常。可对我来说，救它是我的天职，所以我不能因为蝎子蜇人的天性而放弃我救它的天职呀……”

生活中，能像故事中救蝎子性命的人又有多少？可见，不是所有人都能不计较后果地对人付出。但真心为他人付出的人，他们的人格是高尚的，是令人敬佩的。他们在帮助他人的过程中，虽然没有得到来自他人的回报，但心灵却得到了升华。

生活中的青少年们，当遇到需要帮助的人的时候，你是否愿意停下来为他们想想办法？或许在不经意间，受帮助的不仅是别人，而且还有你自己——爱加上智慧原来是能够产生奇迹的。其实任何一次助人行为，都是完善自我、实现自我价值的机会，怎能不出于自愿？然而，一个人若想真正做到内心无私地对他人付出，首先就必须具备善心。

在美国，有个叫亨利的著名作家，一次，他的侄子来他家做客，他们谈到了善良这个话题。

他问自己的侄子："你知道什么是善良吗？"

侄子点点头，说"我知道，可是我不知道怎么表达。"

亨利微笑了一下，然后继续问："你知道什么是人生中最宝贵的东西吗？"

侄子说自己知道，他说，人生宝贵的东西有很多，比如金钱。

听到侄子这么说，亨利摇了摇头，最后说道："在人的一生中，有三种东西是最宝贵的，第一是善良，第二是善良，第三还是善良。"

善良是什么？善良就是一种无私的付出，与人为善是人类永恒不变的天性。

当然，为他人付出并不是要停留在口头上，而是要付诸实践的。平素人们都说德行，何为德？何为行？德是个人的高尚情操，是先天品赋，但并非所有的人生下来就具备了好的品性，故需要后天扎扎实实地修养，也就是行，所以德需要行，才能为善，不然的话，德就是一个空洞的东西，未能为善的德只能是伪善。行是行为，善是无私，行为的无私就是行善，积德是行善的必然结果，利于别人的行为与思想就是善！

另外，为他人付出要从生活细节中开始。"勿以恶小而为之，勿以善小而不为。"诸葛亮《诫子书》冲动和暴躁未能成为德。我国画家启功先生就是一个在生活中与人为善的人。

一次，启功先生在有关方面人员的陪同下，到北京琉璃厂调研艺术品市场。

当他们闲逛时，有个工作人员发现在古玩市场的地毯上，摆了很多所谓的启功的书法作品，明摆着，这是赝品。

有个人问启功："启老哇，你用什么办法来甄别这些作品的真假呢？"

听到有人这么问，启功大笑起来，然后乐呵呵地说："一百年以后，比我写得好的，就全都是真品了！"

启老的这番话，虽然简短，却让人意味深长。

启功虽然是名人，但他最怕虚度时光，他常常砥砺自己要在有限的生命时光中，做出更多的奉献。然而，常常有人慕名前来请求他写字作画，以致影响了自己的正常学习和研究，他又不便直接拒绝，因此，他在创作、研究或身体不适的时候，就在门上挂个牌子，上书："大熊猫病了！"来者看到便禁不住莞尔一笑，虽吃了闭门羹，但也仍感到轻松快乐。

这里，我们看到了一个老艺术家不但在艺术上取得了非凡的成就，而且在心灵上也步入了大彻大悟之境，生命中充满着一种"身心无挂碍，随处任方圆"的大气和洒脱。他的一番话虽然让人捧腹大笑，但表达的却是他处处替人着想的那一份善良。

一位智者曾经说过：善良是一种远见，一种自信，一种精神，一种智慧，一种以逸待劳的沉稳，一种快乐与达观……只要我们自己本身是善良的，我们的心情就会像天空一样清爽，像山泉一样清纯！

因此，每个青少年，无论如何，你都不能将"善心"抛弃，这样，无论你走得多远，也不会迷失本性，你将获得一份内心的安宁。

哈佛启示

赠人以花，手有余香！青少年朋友们，当你怀着一颗真诚之心善待我们身边的每一个人时，你收获的也是真诚与善良，当然，还会有浓浓的爱！

对每一件事负起责任

在一个人的成长过程中，要学习的东西很多很多。其中学会承担责任，是每一个青少年人生成长过程中必经的一个重要步骤，是人生旅途中非常重要的一堂课。

在人们心里，哈佛是世界一流的大学，这里集聚了来自世界各地顶尖的知识分子、学术精英。而哈佛之所以能成为如此一流的学府，其中有个最为重要的原因，那就是雄厚的师资力量。在哈佛，每一位教授的任职过程都要经过严格而有效的聘任晋升制度。这也体现了哈佛对学生的负责精神。

哈佛告诉学生，责任心是衡量一个人成熟与否的重要标准。责任心会使一个人变得坚强。面对诱惑，他能恪守原则；面对挑战，他会奋力拼搏。他知道这是他的责任，他不能逃脱，必须积极地去对待而非消极地躲避。

有这样一个发生在哈佛的真实故事：

从哈佛毕业的名人中，亨利·基辛格可谓众人皆知。他出生于德国的一个犹太人家庭，曾经，他以优秀的成绩进入哈佛大学学习，在上学期间，也因为出色的表现而深受哈佛教授们的喜爱。

离任后的基辛格很想回到哈佛大学继续他的学术生涯，在所有人看来，这毫无悬念，对于哈佛来说，能请到这样的名人似乎也是一件很荣幸的事。但时任哈佛校长的博克教授却婉言拒绝基辛格的要求，当他人问及原因时，博克教授是这样回答的，“不得不承认，基辛格是个很有学识的人，我们的私交也不错。但是，哈佛需要的是教授，而不是一个大人物，我不会花钱去请一个挂名的人。”博克教授之所以这么说，是因为他深知，作为已经是大人物的基辛格，要想把心思重新拉回到教学上来，是很难的。

这一点，正体现了哈佛对学生的责任心。我们都知道，人是一种社会性的动物，责任是一种对人的制约，所谓责任心，是指个人对自己和他人，对家庭和集体，对国家和社会所负责任的认识、情感和信念，以及与之相应的遵守规范、承担责任和履行义务的自觉态度。每个人都肩负着责任，对工作、对家庭、对亲人、对朋友，我们都有一定的责任，正因为存在这样或那样的责任，才能对自己的行为有所约束。社会学家戴维斯说：“放弃了自己对社会的责任，就意味着放弃了自身在这个社会中更好的生存机会。”

事实上，每个青少年朋友，也都应该有这样的态度，哪怕是再小的一件事，你也要敢于负起责任。责任心往往驱使我们做一件事，而且会把它做好。

我们每个人都要明白，只有我们认为那件事很重要，是我们的责任，我们才会调动全身的力量去干好这件事，千方百计地争取收获最好的结果。

一天，某户人家的门铃响了，开门的是男主人汤姆。

汤姆发现，一个大约十来岁的小男孩站在门口，并且，他开始自我介绍：“你好，先生，我的名字叫亨利。”然后，他指着斜对面那栋漂亮的房子，告诉汤姆那是他家。

然后他问：“我可以帮你剪草坪吗？”汤姆打量了一下这个小男孩，他身材瘦小，他再看看自己家的花园，有前后院，还有个大的草坪，不过，既然是他主动要求做，就点点头说：“好啊！”

随后，男孩很高兴地推来剪草机，开始工作。他把笨重的机器推来推去，剪得相当整齐。

等他剪完所有的草后，按照事先说定的数额，汤姆给了他10美元的报酬，但汤姆很好奇这小男孩为什么要挣钱。对此，男孩说：“上个星期我过生日，爸爸送我半辆自行车，我要赚另一半的钱。如果下一次再让我给你剪草坪，我就可以去买了。”

从那以后，汤姆家剪草坪的工作就给男孩承包了。慢慢地，附近几家的草地也都包给他去做……

的确，责任心对于任何一个成长阶段的青少年来说都至关重要。一个人应该有许多品质，其中衡量一个人是否成熟的标准就是责任心。事业有成者，无论做什么，都力求尽心尽责，丝毫不会放松；成功者无论做什么职业，都不会轻率疏忽。这就是一份责任。

但其实，责任心的培养，最终目的还是要让你学会担当，担当的意思是：接受并负起责任。意在强调行动的重要性。

曾经有篇报道，叙述了一个16岁的农村少年，以优异的成绩考取了师范学校，面对着瘫痪在床无人照顾的父亲，无奈之下卖掉了全部家产，背着父亲走进校门，开始了漫长而艰辛的求学之路。

一个“背”字，不仅体现了父子之情，也体现了孩子对家庭的责任，这个少年就是“担”起了家庭的责任。

责任不需要整天挂在嘴边，这是一种意识，你需要明白，在遇到事情的时候必须承担后果。从小学会“担当”，长大了，你自然就会有责任心。

古往今来，先贤志士都很注重对责任心的培养。今天，人们呼唤责任感，一个家庭，一个学校，一个社会，都需要那些为它尽到责任的人。的确，责任对于任何人来说都是不可推卸的，它体现了一种社会必然性。人活着，就意味着要承担责任。

哈佛启示

责任心的强弱，能够反映一个人品德的优劣。一个责任心强的人，即使经受再大的困难，也不会抛下责任。任何一个青少年，要想成长为一个成熟的人，就必须先从培养自己的责任心开始做起。

无论何时，都要信守做人的原则

在某些时候，是否能坚守自己做人的原则，是判断一个人道德水准的重要依据。

很多青少年可能都羡慕那些哈佛学子，因为他们能在世界一流的学府中汲取知识，接受最好的教育，但其实，哈佛并不仅仅是一座知识的殿堂，它更是一所精神和品质的家园。哈佛的教授更是时刻谨记自己的做人原则，端正自己的品行，因为他们深知，身教重于言教。一位哈佛教授这样告诉他的学生，我们应随着时代的变迁而调整自我，但应信守做人的原则。在坚持自己原则的基础上，逐渐创立自己新的原则，使自己不断发展，不断完善。

日常生活中，我们常说做人要有原则，所谓的原则，指的是说话或行事所依据的法则或标准。它规范着人应当怎样，不应当怎样，可以怎样，不可以怎样。但凡一个人，在想问题、干工作、办事情的过程中，都有一个讲原则的问题。敢不敢于、善不善于讲原则，是检验一个人、一个单位、一个国家修养和素质的一块“试金石”。

每个青少年，你都应该明白，原则问题不可小视，做人要正直、做事要正派，堂堂正正，公公正正，才是立身之本，处世之基。的确，一个人的内心有了正确的原则，他的内心就如同有了一盏明灯，他的内心就会坚如磐石，谁也破坏不了。相反，如果你不能坚持原则，你的内心就会产生动摇，甚至做出让自己后悔的事来。

一个正直的人，始终听从心的指引，应该树立正确的评价他人的标准，并坚持这个原则。在现实生活中，很多人恰恰与之相反，他们的心异常浮躁，面对着诸多新鲜的事物，他们渐渐找不到自己的位置，把握不住自己内心的标准。

那么，对于青少年朋友来说，你该坚持什么样的原则呢?

1. 遵纪守法

人们常说，“不以规矩，不成方圆”。这里的规矩，运用到生活中来，其实就是做人的原则，我们无论是做人还是做事，都必须有原则，失去原则，人们就会失去行为的准绳，就容易越位。一个人若失去原则，就无法让人相信他能承担起重大的社会责任，同时也容易在是非善恶的交叉口迷失自己。

青少年朋友们，你也应该逐渐学会承担一定的家庭、社会责任，为此，你首先要做到的就是遵纪守法，道德和法律应该是你们做人的基本原则。

2. 专注于学习

青少年阶段的最主要任务莫过于学习，你只有专注于学习，才能摒除外界对你的干扰，这也是你需要坚持的原则之一。

哈佛启示

任何一个青少年朋友，都应该以坚持原则的哈佛人为榜样，因为坚持原则是考量人的道德标准。总之，培养自己的这一品质，将会对你的一生大有益处！

感恩的心会让你永远活在幸福里

懂得感恩的人是幸福的，在他们的内心，有一颗和平的种子，种下的是感恩，收获的是责任、自立、自尊和追求一种阳光人生的精神境界！

对于“幸福”一词，可能很多青少年朋友未必有很深的理解，可能在你看来，有足够的零花钱、放一天假就是幸福，其实，这些都是来自外在世界的幸福，一个人要获得来自内心的幸福，就必须要学会感恩。其实，幸福很简单：因为拥有阳光，因为拥有健康，因为拥有亲人，因为拥有朋友。只要有一颗感恩的心，即使你拥有的东西再少，你也会感觉到幸福。

在你看来，哈佛学子是幸福的，因为他们可以在世界一流的学府中接受最好的教育。然而，哈佛人之所以幸福，并不因为这些外在原因，而是因为他们懂得感恩，是感恩的心让他们努力学习，让他们立志要回报社会。

这是一个哈佛学子真实的感恩故事。

1998年，在清华大学有一个叫邹健的大二学生，他有着更大的求学愿望，希望自己能进入哈佛大学深造，但此时，命运却跟他开了个玩笑，他的父母双双下岗了。这就意味着他和同时在上大学的弟弟都有可能要辍学。坚强的邹健便边打工边上学，生活十分辛苦。

邹健的情况很快引起了唐山市路南区工商分局的重视，党委书记陈振旺率先提出倡议，团委书记王阿莉很快与清华大学取得了联系，清华大学很快提供了邹健的相关情况，路南区工商分局决定每月捐助邹健400元，直到他大学毕业。一场跨区域的助学行动拉开了帷幕。“当时局里的36名青年团员每人每月出资10元，不够的部分就由工会补上。”一直参与此项捐助活动的王阿莉介绍说。

受到资助的邹健一直学习努力，他从清华毕业后，顺利进入了哈佛深造，而现在的邹健已经获得了哈佛大学电机工程的博士学位，并在纽约的一家金融公司工作。

邹健是个懂得感恩的人，为了回报路南区工商分局的爱心，2006年2月14日，邹健的父亲给路南工商分局打来电话，告知邹健从美国特地寄来4000美元，他已兑换成人民币32125.60元寄给了路南区工商分局。

俗话说：“滴水之恩，当涌泉相报。”感恩是一种生活态度，是一个内心独白，是一片肺腑之言，是一份铭心之谢。每个人都应学会“感恩”。案例中的邹健就是懂得感恩的人，正是这份感恩的心，让他拥有了积极向上的人生态度，最终，他也收获了幸福的人生。

事实上，不仅是邹健，每一个哈佛人都有一颗感恩的心。是感恩，让这些学子努力学习；是感恩，丰富了他们的精神世界；也是感恩，让他们变得成熟、完美。

然而，生活中，我们总能发现喜欢抱怨的青少年，他们抱怨学习太累、父母太唠叨，甚至会抱怨饭菜太差、衣服太难看等。他们之所以经常抱怨，是因为她们缺乏感恩之心。其实，无论我们遇到的是顺境还是逆境，都能磨炼一个人的心智。相反，抱怨除了让我们生闷气外，毫无益处。既然如此，那又何必呢?

有一块石头被刻成了神像，抬到庙里去供奉，受到人们的跪拜。后来，人们把庙宇改成了别的用场，这个神像也就用来垫墙脚了。

“我真不幸，怎么会碰上这么倒霉的事！”石像抱怨着，“让我来垫墙脚，真是大材小用！”

而另一块垫墙脚的石头却说："我很感激能有这样一个位置。要知道，能够踏踏实实地做一些对人们有益的事，比起做一个高高在上、光摆架子，却没有一点用场的偶像来，要有意义得多！"

从这个寓言故事中，你也可以得出启示，只有心怀感恩的人，才能视万物皆为恩赐；也只有当我们心中充满了感恩之情时，压力才会变得不再是压力，世界也才会变得美好无比。而此时无论是怎样的困难，我们都可以满怀激情地去面对。

其实，在我们的人生路上，我们无时无刻不在接受他人的帮助，接受他人的恩惠。自打我们出生，父母就在孜孜不倦地哺育我们，教我们做人做事的道理；跨入校门，我们的老师就无怨无悔地把毕生所学传授给我们；当我们遇到困难时，我们的朋友也会向我们伸出援助之手……青少年朋友们，你需要报答的人太多。如果你有一颗感恩的心，那么，你还会抱怨老师的严厉、父母不能给你充裕的物质生活吗?

"不要抱怨玫瑰有刺，要为荆棘中有玫瑰而感恩。"这句话成功地道出了一个深刻的人生哲理。因此，不管遇到什么事情，青少年朋友们，你都要学会感恩，那样，你内心的个人偏见自然会慢慢减少，烦恼也就会慢慢减少了。

哈佛启示

如果你是一个心怀感恩的人，那么，你一定是幸福的。因为生活需要一颗感恩的心来创造，一颗感恩的心需要生活来滋养。常怀感恩之心，人生就会更加圆满，从而减少了很多憾事。

第7章　内心强大，与困难做朋友让你无往不克

我们都知道，从哈佛毕业的名人数不胜数，大多是科学家、企业家和政界人士。他们追求成功的路也并不是一条坦途，但他们知道成功的捷径是勇敢地走最艰辛的路。任何一个青少年朋友，都应该以哈佛学子为榜样，你要记住，面对困难，没有人能解救你，除了自己拯救自己。你只有勇敢面对，只有坚定自己的信念，并努力找出解决的方法，你才能走出困境，迎接成功。

挫折必然定律：挫折往往与进步同在

在人生的追求中，我们不可避免地会遇到一些挫折，但是，只要你足够坚强，你就能将挫折踩在脚下，你就能获得进步。

生活中，困难无处不在，而很多时候，打倒人们的不是这些挫折，而是被我们内心放大的恐惧。事实上，挫折如弹簧，你软它就强。你只有内心强大起来，才能克服困难。在很多青少年看来，哈佛学子们是幸运的，他们在学业上一帆风顺，可以进入世界一流的学校学习，毕业后可以从事自己喜欢的工作。而实际上，哈佛学子也会遇到各种各样的挫折，只是他们哈佛人从来都不会因为暂时的逆境而放弃拼搏，他们这样勉励自己："我要振作精神，跟命运搏

斗，我要把痛苦化为力量，设法有所建树。”因为哈佛人相信一条定律——挫折必然定律，挫折往往与进步同在。这一定律是哈佛大学的荣誉博士J.K.罗琳提出的。J.K.罗琳是《哈利·波特》的作者。

罗琳在接受哈佛大学荣誉博士学位的演讲时说：人们有一个共识，人可以从挫折中变得聪明和强大。这句话意味着人从此对自己的生存能力有了更好的把握。如果一个人没有经过苦难的考验，那么他从来不会真正懂得自己，不会懂得处理各种关系的力量有多大。

其实，一个人，无论他处于怎样的生活环境下，他都有可能遇到各种各样的挫折，如生病、学业问题、婚恋问题等，挫折的产生是不以人的意志为转移的，谁也不能逃离挫折的侵袭。尽管人们并不希望自己的生活中出现挫折。为什么挫折不可避免而具有必然性呢？这是因为人的力量是有限的，谁都不可能一次性解决一生中出现的所有问题。显然，在挫折面前，垂头丧气是于事无补的，我们要做的，除了要坦然面对外，能改变的，只有自己的心。

著名哲学家苏格拉底说过：这个世界上有两种人，一种是快乐的猪，一种是痛苦的人。意思是说这个世界上有许多人，他的人生就希望享受，有一天过一天，今朝有酒今朝醉。但是渴望成功的每一个人都必须做好痛苦的准备，要获得幸福，获得快乐，没有痛苦的思想准备是很难实现的。

事实上，人们驾驭生活的能力，是从困境生活中磨砺出来的。和世间任何事情一样，苦难也具有两重性。一方面它是障碍，要排除它必须花费更多的力量和时间；另一方面它又是一种动力，在解决它的过程中能够使人更好地锻炼提高。

有这样一个小故事：有两个孩子比赛谁先跑到各自的妈妈身边。可在途中，两个孩子先后摔倒。其中一个妈妈立刻跑过去安慰那个孩子，摸摸头又抱在怀里，那孩子反而哭得更凶。而另一个妈妈呢，她只是站在原地鼓励孩子继续跑过来。孩子摇摇晃晃站起来，终于跑到了妈妈身边，露出甜甜的笑。这两个母亲的做法孰是孰非？前者是放大了困难，后者则鼓励孩子克服了困难。

可见，有时候，挫折的出现并不是坏事，它能让一个人变得强大。这个简单的道理我们每个人都懂，但说到畏惧困难，似乎那些刚出世没多久的小孩反倒比大人勇敢。孩子们敢和鳄鱼拥抱，和巨蟒共舞。因为无惧，所以无畏。

对于青少年朋友来说，你的人生才刚刚开始，在今后的生活和学习中，你难免会遇到各种各样的挫折。面对挫折，你不妨把它当成一次考验你的机会，因此，你不必惊慌失措，也不必难过，只要心中能具有不怕输的勇气，对自己说："我能行！"那么，你就一定能够站起来，笑到最后，你也将笑得最美。

有这样一个故事：

很久以前，有一个养蚌人，他很想培育出一颗世界上最大最美的珍珠。于是，他去大海的沙滩上挑选沙粒，而且一一地询问它们："愿不愿意变成珍珠？"那些被问到的沙粒，一一都摇头说："不愿意。"就这样，养蚌人从早上问到晚上，得到的都是同样一句话："不愿意。"听到这样的答案，他快要绝望了。

就在这时，有一颗沙粒答应了，因为它的梦想就是成为一颗珍珠。旁边的沙粒都嘲笑它："你真傻，去蚌壳里住，远离亲人和朋友，见不到阳光雨露，明月清风，甚至还缺少空气，只能与黑暗、潮湿、寒冷、孤寂为伍，多么不值得！"但是，那颗沙粒还是无怨无悔地跟着养蚌人走了。

斗转星移，多年过去了，那颗沙粒已经成为了一颗晶莹剔透、价值连城的珍珠，而那些曾经嘲笑它的伙伴们，有的依然是沙滩上平凡的沙粒，有的已经化为了尘埃。

如果说这世上有"点石成金术"的话，那就是"艰辛"。你忍耐着，坚持着，当走完黑暗与苦难的隧道之后，就会惊讶地发现，平凡如沙子的你，不知不觉中已长成了一颗珍珠。

因此，每一个青少年都应该记住：逆境总是吞噬意志薄弱的失败者，而常常造就毅力超群的事业成功者。磨难是魔鬼，它夺走了你的光明。磨难也是天使，它是一座深不可测的宝藏。要在逆境中赶走魔鬼、拥抱天使，最重要的美德就是坚韧。

哈佛启示

人生中，困难和危险无处不在、无时不有。一个真正的生活的强者，才有战胜困难、夺取成功的希望。这告诉所有处于成长期的青少年，一定要敢于乘风破浪，才能让困难成为垫脚石。因为人一旦失去了尝试的勇气，就失去了所有的一切！

杜利奥定律：拥抱热情，战胜挫折

一个人是否强大，主要是看其心态。一个人在挫折面前，如果能做到积极面对，始终不失战胜困难的热情，那么，他就是真正的强者，他就能成功。

生活中，我们总是祝福他人“万事如意”，然而，这也只是美好的愿望，人生路上，挫折是难免的，人生的起起落落也是难以预料的。但无论如何，我们都要记住一点：永不绝望。青少年朋友们，你也要记住这一四字箴言。在未来的人生路上，你也可能会遇到逆境，但无论如何，都不要沮丧，无论你遇到多大的挫折，也不要沉溺于其中不可自拔。当挫折出现时，你一定要告诉自己：“我能战胜挫折。”始终保持积极向上的态度，你就能走出逆境。

哈佛告诉学生：每个人在某个时刻都会面临绝境，但它往往并不是真正的生命绝境，而是一种精神和信念的绝境。只要你的精神不垮，在绝望中，也能找到希望之花！

的确，哈佛人也会遇到挫折，他们之所以能实现卓越，是因为他们心中始终燃烧着希望之花。

心理学家曾指出：乐观能使人们处于放松、自信的状态，能使人们看到积极、阳光的一面，也能发现新的一面，而不是自暴自弃或怨天尤人。关于这一点，美国自然科学家、作家杜利奥提出：“没有什么比失去热忱更使人觉得垂垂老矣。”这一观点被人称之为“杜利奥定律”。

这一定律告诉人们，一个人心态上是积极的还是消极的，就决定了其生活是光明的还是灰暗的。可见，当人生的不幸来临时，积极的心态是一个人战胜一切艰难困苦，走向成功的推进器。积极的心态，能够激发我们自身的所有聪明才智；而消极的心态，就像蛛网缠住昆虫的翅膀、脚足一样，束缚人们才华的光辉。

雨后，一只蜘蛛艰难地向墙上已经支离破碎的网爬去，由于墙壁潮湿，它爬到一定的高度，就会掉下来，它一次次地向上爬，一次次地又掉下来……第一个人看到了，他叹了一口气，自言自语：“我的一生不正如这只蜘蛛吗？忙忙碌碌而无所得。”于是，他日渐消沉。第二个人看到了，他说：“这只蜘蛛真愚蠢，为什么不从旁边干燥的地方绕一下爬上去？我以后可不能像它那样愚蠢。”于是，他变得聪明起来。第三个人看到了，他立刻被蜘蛛屡败屡战的精神感动了。于是，他变得坚强起来。

的确，对待同一样事物，每个人的看法不同是很正常的事。就像人也有两面性一样，问题在于我们自己怎样去审视，怎样去选择。面对太阳，你眼前是一片光明；背对太阳，你看到的是自己的阴影。

青少年朋友们，要是你想知道怎样将在厨房水池边洗碗变成一次难得的人生经历，那么请你读一读波姬·戴尔的《我希望能看见》：

这个女人几乎失明了50年，她在书中说道：“我只有一只满是疮疤的眼睛，只能靠眼睛左边的小洞来观察世界。我看书的时候，必须把书贴近脸，然后努力把眼睛往左边斜。”就是这样一个可怜的人，她拒绝别人的怜悯，不要别人以为自己跟别人有什么不同。她小时候渴望跟其他孩子一样玩跳房子，但由于看不见地上的线，不得不在她们回家后趴在地上，将眼睛贴到线上看来看去，牢牢记住玩的地方，不久她就成了跳房子的高手。

读书的时候，她把大字印的书紧紧贴在自己脸上，不管眉毛碰到书了没有——就是她，得到了常人所不能的两个学位：明尼苏达州州立大学学士学位和哥伦比亚大学硕士学位。在明尼苏达州双谷的一个小村子里时，她就开始了自己的教书生涯，通过不断的努力，她成为了南达科他州奥格塔那学院新闻学和文学教授。她在那里教书13年，工作之余还在一些妇女俱乐部发表演说，还到一家电台主持读书节目。她写道："我脑海深处，常常怀着完全失明的恐惧。为了打消这种恐惧，我采取了一种快活而近乎游戏的生活态度。"奇迹总会发生的，1943年，在她52岁的时候，通过手术，她的视力提高了40倍。

当一个全新的世界呈现在她的面前时，她发现这个世界是这么的可爱，这么令人兴奋，哪怕让自己永远在厨房水池前洗碟子，只要能看到这个世界，她也是开心的。她继续写道："我会玩洗碗盆里的肥皂泡。伸手进去，抓起一把泡泡，迎着光举起来，每个肥皂泡泡里，我都能看见小小的彩虹散发出灿烂的色彩。"

总之，积极的心态使人看到希望，使人保持进取的旺盛斗志。消极心态使人沮丧、失望，限制和扼杀自己的潜能。积极的心态创造人生，消极的心态消耗人生。积极的心态是成功的起点，消极的心态是失败的源泉。如果你想成功，想把美梦变成现实，就必须摒弃这种扼杀你的潜能、摧毁你希望的消极心态。

哈佛启示

成功和失败之间的区别在于心态的差异：成功者着意亮化积极的一面，失败者总是沉迷消极的一面。心态是个人的选择，有成功心态者处处都能发觉成功的力量。因此，青少年朋友们，在人生路上，无论你遇到怎样的挫折，你都要积极面对。选择了积极的心态，就等于选择了成功的希望。

习惯性无助：摆脱无助，才能真正变得坚强

心理暗示的作用是巨大的，如果经受了某个挫折就断然给自己下结论"我不行"，就是给自己一个消极的心理暗示，时间长了，就真的会习惯性地说

“我不行”。

生活中，我们经常听到一些青少年在学习成绩不佳时这样说：“算了，就这样吧，没用的”“听天由命吧”……这种消极、自卑的心理是他们在学习上积极进取的最大杀手。对此，作为青少年自身，你一定要摆脱这种无助感，只有这样，你才能真正重拾自信。关于这一点，心理学上有个著名的名词——“习惯性无助”。

“习惯性无助”是美国心理学家塞利格曼1967年在研究动物时提出的。

他用狗做了一项实验，他先把狗关进笼子里，当准备好的蜂音器一响，就电击笼子里的狗，狗关在笼子里只能呻吟和颤抖。

就这样重复了几次之后，当他再一次打开蜂音器后，他在电击之前将笼子的门打开，但奇怪的是，狗居然没有夺门而出，而是在电击之前一听蜂音器响就呈现出痛苦状。原本这只狗可以主动地离开笼子，免除这种痛苦，但它却没有选择离开笼子。心理学家们把这种在受到多次挫折之后产生的对情境的无能为力感叫做习惯性无助或习惯性绝望感。

那么，“习惯性无助”又是怎样发生的呢？原因很简单，当一个人总是经受失败和打击，体验到的成功太少时，或者根本没有尝到成功的滋味，那么，他就会形成一种无助感、自卑、失望、悲观，甚至对自我价值的认知也是消极的。

习惯性无助是一种常见的心理现象，它不仅发生在成人当中，在青少年朋友中也普遍存在。比如，有些学生之所以对学习提不起兴趣，一到上课就睡觉，甚至厌学、逃学，其中很大一部分原因就在于学习上的“习惯性无助”。

为此，在学习的过程中，哈佛经常警告自己的学生：一旦沾染上“习惯性无助”，人就会给自己的心筑起一道永远无法逾越的墙，他们会坚信自己无能为力，从而放弃任何努力，最后导致失败。哈佛大学教授罗伯特曾经遇到这样一件事：

这天，他接到一个正在读高中女孩的电话，电话里，女孩带着哭腔说：“我真的什么都不行！”

罗伯特很快感受到女孩痛苦、压抑的心情，于是，他亲切地问道：“真的是这样吗？”

女孩好像对自己特别失望：“是的，在学校，我不善于和人打交道，同学们都不喜欢我。我成绩不好，老师也从不正眼看我。妈妈很辛苦地供我读书，希望我能出人头地，但我的考试成绩却一次次地让她失望，就连我喜欢的男孩子也不喜欢我，你说我是不是很失败，我现在都不知道接下来的路该怎么走了……”

罗伯特教授追问：“是这样啊，那你为什么要给我打这个电话呢？”

女孩继续说：“我也不清楚，也许是我压抑得太久了，想找个人去倾诉吧，这样也许会好过点。”

罗伯特明白，这个女孩的问题正在于——习惯性无助，却又缺乏鼓励。假如一个人长时间在挫折里得不到鼓励与肯定，就会逐渐养成自我否定的习惯。

接着，罗伯特教授说：“可是从我们这一段简短的对话中，我发现你真的有很多优点：你善良、懂事、逻辑思维能力和语言表达能力都很好。我真是不明白为什么你会觉得自己什么都不行？”

女孩好像很惊讶，她问：“是吗？这都能算优点？那为什么没有人告诉过我呢？”

罗伯特教授回答：“那么，请记住我的话，从今天开始，你每天都要记下自己的一些优点，最少要写十条，然后大声地念出来。还有，如果发现了自己新的优点，一定要补充上。”

后来，罗伯特教授在课堂上就这一事例告诉学生：“可能在你们中间，也有一些人像我遇到的这个女孩一样，在经历过一些挫折之后，便开始自我否定，认为自己什么都不行。我希望从今天开始，你们每个人都要积极地认识自我，摆脱这种习惯性无助，你才能真正变得坚强。”

的确，正如罗伯特教授所说的，人们的受挫能力是有一定极限的，人们在经受了长期的挫折影响后，便容易对自己的能力产生怀疑，对失败的恐惧远远大于对成功的希望。但无论如何，青少年朋友，你都要避免这样的心态，正确评价自我，才能树立自信心，走出困境，成为一个坚强的人。具体说来，在日常生活中，你需要做到以下几点：

1．不要总是和其他人比

如果你总是拿自己的短处和他人的长处比，你就很容易产生自我否定的情绪，给自己造成心理压力，认为自己真的比别人差、比别人笨，于是形成恶性循环。

2．客观评价自己

人无完人，一个人对自己的评价应该是客观的，不仅包括自己的不足，还包括自己的长处，正如罗伯特教授所指点的那样，一个人要摆脱习惯性无助，首先要正确认识自我，多看自己的优点。

3．体验成功，摆脱无助感

青少年阶段的你们都是充满好奇心的，对什么都想尝试一下，对此，你不妨多去做一些成功率高的事，这样，在成功的体验中，你能逐渐树立自信心，排除挫折，进而远离无助感。

哈佛启示

人们在经受了多次的失败和挫折后，很容易有习惯性无助的心理，对此，在挫折面前，每一个青少年都应该谨防习惯性无助，以积极的心态看待挫折，摆脱无助心理，你才能真正成长为一个坚强的人。

“下坡容易”定律：一定要严格要求自己

随时警惕自己的行为，严格要求自己，不要放纵自己而踏上贪图享乐之路，对此，无论是成大事者，还是普通人，都应该学会自制。

生活中，可能我们都有这样的体验，在上坡时，我们觉得很吃力，但下坡却很容易。其实，人生也有“上坡”和“下坡”，“上坡”就好比“学好的过程”，而“下坡”就好比“学坏的过程”，于是就有了人们常说的“学坏容易学好难”。的确，一个人，要想养成好的习惯、做到严守纪律远比犯错误要简单得多，这就是著名的“下坡容易定律”。

那么，人为什么学坏容易学好难呢？人类学家是这样解释的：人虽然是高级动物，但还并未摆脱动物攻击、放纵、破坏的本能，如果没有意志力的控制，这些本能随时会爆发出来。相反，很多优良行为，比如讲信用、爱干净、勤奋、好学等，则是人类特有的行为，是需要人们刻意培养才能形成的，而在培养优良行为的时候，人需要对自己的本能加以约束，因而就会比较困难。

因此，哈佛告诉它的学生们，一个人要想征服世界，首先就要征服自己。这正如中国古人所说：“天将降大任于斯人也，必先苦其心志，劳其筋骨，饿其体肤，空乏其身，行拂乱其所为，所以动心忍性，增益其所不能。”那些成大事者，都能做到严格要求自己，都有“动心忍性”的自制力，使其能守得云开见月明，走出逆境。

所谓严格要求自己，其实就是自律，就是自我管理、自我控制；自律就是战胜自我、超越自我。金无足赤，人无完人，人最大的敌人是自己。只有能够战胜自我的人，才是真正的强者。

同时，自律对于成长期的青少年朋友来说也显得尤为重要。在你们的学习和生活中，自律在很多方面都发挥着巨大的作用：它能督促自己去完成应当完成的学习任务；能抑制自己的不良行为。相反，如果没有或缺少自我控制，不良的行为和情绪就会反过来控制你，你将失去意志力、信心、执着和乐观，失去获得成功的机会，甚至会偏离人生的方向，误入歧途。曾经有个“不抽烟的球王”的故事：

巴西球员贝利，被人们成为“世界球王”、“黑珍珠”，在很小的时候，他对足球就表现出惊人的才华。

那次，贝利和他的同伴们刚踢完一场足球赛，已经筋疲力尽的他找小伙伴要了一支烟，并得意地吸了起来。然而，这一切都被他的父亲看在眼里了，父亲很不高兴。

晚饭后，父亲把正在看电视的贝利叫过来，很严肃地问："你今天抽烟了？"

"抽了。"贝利知道自己做错了事，但也不敢不承认。

但令他奇怪的是，父亲并没有发火，而是站了起来，在房间里来回踱步，接着说："孩子，你踢球有几分天资，也许将来会有出息。可惜，抽烟会损害身体，你若现在开始抽烟，会使你在比赛时发挥不出应有的水平。"

听到父亲这么说，小贝利的头更低了。

父亲语重心长地接着说："虽然作为父亲的我，有责任也有义务教育你，但真正主导你人生的是你自己，我只想问问你，你是想继续抽烟还是做一个有出息的足球运动员呢？孩子，你已经长大了，该懂得如何选择了。"说着，父亲还从口袋里掏出一沓钞票递给贝利，并说道："如果你不想做球员了，那么，这笔钱就拿给你做抽烟的经费吧！"父亲说完便走了出去。

看着父亲的背影，贝利哭了，他知道父亲的话有多大的分量。他猛然醒悟了，他拿起桌上的钞票还给了父亲，并坚决地说："爸爸，我再也不抽烟了，我一定要当个有出息的运动员。"

从此以后，贝利再也不抽烟了，不但如此，他还把大部分时间都花在刻苦训练上，球艺飞速提高。15岁参加桑托斯职业足球队，16岁进入巴西国家队，并为巴西队永久占有"女神杯"立下奇功。如今，贝利已成为拥有众多企业的富翁，但他仍然不抽烟。

欲胜人者先自胜！胜人者有力，自胜者强。谁征服了自己，谁就取得了胜利。对自己苛刻，征服自己的一切弱点，正是一个人伟大的起始。大凡成功的人，都有极强的自制力。

当然，做到严格要求自己是需要一种自制力的，而自制力的培养是一个循序渐进的过程，因为自制力不可能是一念之间产生的，也不是下定决心就可以立时形成的，其形成需要一个过程。如果你给自己规定从明天开始就要好好学习，一旦达不到目标你就会产生挫折感和无能感，丧失改变自己的信心。所以，你应把培养自制力融入到日常生活中，而不要期望一蹴而就。

要想做到严格自己，青少年朋友们，你需要做到以下两点：

1. 认识到自律的重要

你要培养坚定的自制力，首先要从心里认识到自律的重要，然后才能自觉地培养。只有坚决地约束自己、战胜自己，最终才能战胜困难，取得成功。

2. 为自己设立适宜的目标

你的自我期望要建立在符合自己的实际情况、切实可行的基础之上。作为未来社会的接班人，你应该有理想、有志向，但这种理想和志向，不能是高不可攀的，也不应当是唾手可得的，而应该是通过一定的努力，可以实现的适宜的目标，应该符合个人的个性特点和实际能力水平。

哈佛启示

“下坡容易定律”告诉所有青少年朋友，你我遇到的最强大的对手往往不是别人，而是自己。你只有做到严格要求自己、约束自己，才能抵制来自外界的各种诱惑，才能不断克服陋习、完善自己，才能平平安安地走好自己的人生之路。

内心畏惧只会加大克服挫折的难度

挫折其实没那么可怕，它是欺软怕硬的，你越畏惧它，它越威吓你；你越不将它放在眼里，它越对你表示恭顺。

在人生道路上，困难和挫折是难免的，谁也不可能事事顺心，但是有一点我们一定要牢牢记住：将困难置于渺小的境地，你在心态上就战胜了困难。反过来，内心畏惧只会加大你克服挫折的难度。

对于诸多从哈佛毕业、在人生的道路上开创一番事业的人，他们都深深体会过挫折、苦难对人生的历练。但哈佛人不相信眼泪，也不需要眼泪和抱怨，而需要付出汗水和坚韧。

哈佛人坚信：如果在连续多次跌倒之后，一个人还能充满斗志不言放弃，那他就是一个值得敬佩的人，也定是一个有所作为的人。

任何一个青少年朋友，在挫折面前都应该和哈佛人一样毫不畏惧，你要有勇气直面困难、打倒困难，以顽强的意志战胜困难。

“要战胜别人，首先须战胜自己。”这是智者的座右铭。有时候，我们的敌人不是挫折，不是失败，而是我们自己。如果你认为你会失败，那你就已经失败了，说自己不行的人，爱给自己说丧气话，遇到困难和挫折，他们总是为自己寻找退却的借口，殊不知，这些话正是自己打败自己的最强有力的武器。一个人，只有把潜藏在身上的自信挖掘出来，时刻保持强烈的自信心，困难才会被我们打败，成功者之所以成功，是因为他与别人共处逆境时，别人失去了信心，他却下决心实现自己的目标。

曾经有一个叫卡兰德的军官。有一次，卡兰德在纽约的一个漂亮饭店里，看着善游泳的朋友们在阳光下嬉戏，忽然有一 种不舒服的感觉涌上心头。卡兰德告诉他们，自己怕晒黑，所以不想下水。朋友们笑着怂恿他：“不要因为怕水，你就永远不去游泳……”

阳光照在他们水滑滑、光亮亮的肌肤上，他们像海豚一样骄傲地嬉戏着，而卡兰德其实 并不想躲在阴影里看着他们的快乐。他觉得自己是个懦夫。

一个月后，朋友邀卡兰德到一个温泉度假中心，他鼓足勇气下水了。卡兰德发现自己没有想象中那么无能，但他不敢游到水深的地方。

“试试看，”朋友和蔼地对他说，“让自己灭顶，看会不会沉下去！”

于是，卡兰德试了一下。朋友说的没错，在我们意识清醒的状态下，想要沉下去、摸到池底还真的不可能。真是奇妙的体验！

“看，你根本淹不死。沉不下去，为什么要害怕呢？”

卡兰德上了一课，若有所悟。从那天起，他不再怕水，虽然目前不算是游泳健将，但游 个四五百米是不成问题的。

和卡兰德一样，青少年朋友们，当你遇到困难时，你也可以克服恐惧。“现实中的恐怖，远比不上想象中的恐怖那么可怕”。当你遇到困难时，理所当然，你会考虑到事情的难度所在，如此，你便会产生恐惧，会将原本的困难放大。但实际上，假如你能减少思考困难的时间，并着手解决手上的困难，你会发现，事情远比你想象中简单得多。那些成功的人士，都是靠勇敢面对多数人所畏惧的事物，才出人头地的。美国著名拳击教练达马托曾经说过：“英雄和懦夫同样会感到畏惧，只是二者对畏惧的反应不同而已。”

欠缺自信的人，将终日和恐怖结伴为邻。而越是被恐怖的乌云所笼罩，自我肯定的机会也就越是渺茫。美国总统罗斯福曾说过一句名言：“我们唯一值得恐惧的就是恐惧本身，那会让我们莫名其妙地胆怯，会让我们为前进所付出的努力付诸东流。”

人们恐惧的表现之一通常是躲避，而试图逃避只会使得这种恐惧加倍。任何人只要去做他所恐惧的事，并持续地做下去，直到有获得成功的纪录做后盾，他便能克服恐惧。既然困难不能凭空消失，那就要勇敢去克服吧！

要克服困难带给你的恐惧，你一定要有自信。马克思说：“自暴自弃，这是一条永远腐蚀和啃噬着心灵的毒蛇，它吸走心灵的新鲜血液，并在其中注入厌世和绝望的毒汁。”自信心的确具有无可比拟的重要作用，许多人之所以失败，不是因为失败打败了他们，而是他们自己打败了自己，失败后的自卑心使得他们不敢争取，他们让自己陷入了自卑的情绪之中。这正如莎士比亚所说：“假使我们自己将自己比作泥土，那就真要成为别人践踏的东西了。”如果你认为你会失败，那你就已经失败了。

哈佛启示

坚强的人，即使是面对再多的失败和挫折也阻挡不了他前进的脚步。我们所谓的困难并没有那么可怕，我们之所以不敢勇敢跨出一步，是因为我们内心的恐惧在作怪。恐惧将困难放大，就会压倒我们自己；而如果我们勇敢一点，打倒恐惧，我们会发现，原来，所谓的困难只不过是只纸老虎。

第8章　“张扬”你的自信，相信自己就没有“不可能”

哈佛告诉学生，信心是一种态度，更有一种魔力，常使“不可能”消失于“无形”。每一个青少年，都要学会为自己喝彩，给自己鼓励和信心，这样，你才能冲出自我设限的牢笼，激发出自己的潜能，才能够成为翱翔人生天空的雄鹰，并且也能不断地让人生有更美好的发展！

杜根定律：自信比什么都重要

自信，使不可能成为可能，使可能成为现实。不自信却使可能变成不可能。一分自信，一分成功；十分自信，十分成功。

D.杜根是美国橄榄球联合会前主席，他曾经提出这样一个说法：强者未必是胜利者，而胜利迟早都属于有信心的人。换句话说，你若认为自己是最棒的，那么，你就是最棒的，只要你有自信。这就是心理学上的“杜根定律”。

从心理学的角度来说，信心可以决定一个人的成败。假如这个人是自卑的，那自卑就会扼杀他的聪明才智，消磨他的意志。

美国的哈佛大学进行了一次调查，一个人胜任一件事，有85%取决于他的态度，15%取决于他的智力。如果他自信，事情肯定会办好。我们都知道，自信是对自己的高度肯定，是成功的基石，是一种发自内心的强烈信念。我们需要自信，无论在生活还是工作中，一个自信的人，常看到事情的光明面。

同样，青少年朋友们，你也应该培养自信心，自信的人到哪里都光彩夺目，为此，你要告诉自己：我是最棒的，拥有这样的信念，无论何时，你都能有优秀的表现，都能挖掘出你意识不到的潜力。

一位音乐系的学生走进练习室。在钢琴上，摆着一份全新的乐谱。

“超高难度……”他翻着乐谱，喃喃自语，感觉自己对弹奏钢琴的信心似乎跌到谷底，消靡殆尽。已经三个月了！自从跟了这位新的指导教授之后，不知道为什么教授要以这种方式整人。勉强打起精神，他开始用自己的十指奋战、奋战、奋战……琴音盖住了教室外面教授走来的脚步声。

指导教授是个极其有名的音乐大师。授课的第一天，他给自己的新学生一份乐谱。“试试看吧！”他说。乐谱的难度颇高，学生弹得生涩僵滞、错误百出。“还不成熟，回去好好练习！”教授在下课时，如此叮嘱学生。

学生练习了一个星期，第二周上课时正准备让教授验收，没想到教授又给他一份难度更高的乐谱，“试试看吧！”上星期的课教授也没提。学生再次挣扎于更高难度的技巧挑战。

第三周，更难的乐谱又出现了。这样的情形持续着，学生每次在课堂上都被一份新的乐谱所困扰，然后把它带回去练习，接着再回到课堂上，重新面临两倍难度的乐谱，却怎么样都追不上进度，一点也没有因为上周练习而有驾轻就熟的感觉，学生感到越来越不安、越来越沮丧和气馁。教授走进练习室。学生再也忍不住了。他必须向钢琴大师提出这三个月来何以不断折磨自己的质疑。

教授没开口，他抽出最早的那份乐谱，交给了学生。“弹奏吧！”他以坚定的目光望着学生。

不可思议的事情发生了，连学生自己都惊讶万分，他居然可以将这首曲子弹奏得如此美妙、如此精湛！教授又让学生试了第二堂课的乐谱。学生依然呈现出超高水准的表现……演奏结束后，学生怔怔地望着老师，说不出话来。

“如果，我任由你表现最擅长的部分，可能你还在练习最早的那份乐谱，就不会有现在这样的程度……”钢琴大师缓缓地说。

从这个故事中，我们发现，我们原以为自己只习惯在自己熟悉的领域表现自己的能力并驾轻就熟，而事实上，如果我们自信一点，并能将那些压力转化为动力，那么，我们便能挖掘出无限的潜力，甚至可以超水平发挥！曾经有位军人这样说：“我打了那么多次胜仗，其实说起来毫无秘密，因为我总能看到希望。”这就是信念的力量。

“自信就是成功的第一秘诀。”哈佛学子爱默生的这句话曾鼓舞了无数学子在求学和创业的道路上披荆斩棘，取得非凡的成绩。

这句话也告诉所有青少年朋友，人的潜力是无穷的，如果你对自己有足够的信心，你就会发现自己原来拥有这样的潜力，原来自己可以做到许多事情，如果你想有个辉煌的人生，那就把自己扮演成你心里所想的那个人，让一个积极向上的自我意象时时伴随着自己。

中国古语说：人皆可以为舜尧。意思是说，只要你树立必胜的信心，就能够战胜任何困难，成为杰出的人。当你失去自信的时候，你就难做好什么，当你什么也做不好时，你就更加不自信，这是恶性循环。若想从这种恶性循环中摆脱出来，重建自信心，我们不妨先从最有把握做好的事情做起，用不断取得的成功来建立我们的自信心。

的确，无论做什么事，都有可能遇到困难，在困难面前，大部分人会选择放弃，而只有少数人还能坚持到最后的原因是因为他们坚定地相信自己坚持下去就一定会取得最后的成功，而大多数人却因为暂时的困难和挫折蒙蔽了自己看到希望的眼睛！

当然，对于青少年阶段的你来说，你最大的任务就是学习，然而，学习也并不是一件轻松的事，你会承受来自各方面的压力，你可能怀疑自己，读书真的那么重要吗？你也想过放弃，但你必须坚持下去。在给自己制订学习计划的过程中，你也要给自己打气，按部就班地完成每个阶段的学习任务，那么，你就能取得好成绩。

哈佛启示

成功者自信，失意者自卑。一个人只要有自信，那么他就能成为他所希望成为的人。青少年朋友们，无论你想成为什么样的人，从现在起，只要你不断积累信心，然后朝着目标奋进，你就能成功！

自信心效应：相信信念的力量

信心是蕴藏于生命中的伟大力量，是创造成功的奇迹，是立身立业不可缺少的保障。只要有信心，你就能移动一座山；只要你相信自己会成功，你就一定能成功。

很多成功者在谈及自己的成功秘诀时都会说：“信心。”的确，自信是对自己的高度肯定，是成功的基石，是一种发自内心的强烈信念。哈佛告诉学生：自信是成功的助燃剂，一个人自信多一分，成功就多一分。

哈佛的学生明白，人生之路犹如河流入海一样，不会是一帆风顺、一路坦荡，总是要经历风风雨雨，坎坎坷坷。那些成功的人在面对人生低谷的时候，总是能够心底坦然，不屈服于挫折，勇于做一个承受痛苦、奋斗不息的人，以百折不挠的精神，继续奋力前行。

在哈佛的课堂上，每个学生都会听到关于爱迪生的故事。

他曾经长时间专注于一项发明。对此，一位记者不解地问：“爱迪生先生，到目前为止，你已经失败了一万次了，您是怎么想的？”

爱迪生回答说：“年轻人，我不得不更正一下你的观点，我并不是失败了一万次，而是发现了一万种行不通的方法。”

正是怀着这份自信，爱迪生最后成功了：在发明电灯时，他也尝试了一万四千种方法，尽管这些方法一直行不通，但他没有放弃，而是一直做下去，直到发现了一种可行的方法为止。

其实，那些成功者的经历，正是心理学的“自信心效应”。

威尔逊有句名言：“要有自信，然后全力以赴！假如具有这种观念，任何事情十之八九都能成功。”

青少年朋友们，虽然你现下的主要任务是学习，但你应该培养自己自信的性格，你要记住，没有什么不可能，只有不相信。从现在起，无论做什么事，只要你相信自己，你就能达到目标。比如，如果你下决心取得好成绩，并付诸实施，找到好的学习方法，你必定会有所进步。如果你为自己种下梦想的种子，相信自己能做到，那么，你的未来就是灿烂的。

然而，不得不承认，生活中，一些青少年是软弱的，有时候，他们还未做一件事，就已经考虑到失败的结果，必然会导致内在潜能得不到充分的调动与发挥。要避免与摆脱这种心理上的失衡，就必须时时表现出一种强者的风范，敢于面对困难与挫折，并始终怀着必胜的信念去克服、战胜困难，坚定不移地朝着成功的目标迈进。因而有意识地培养自己的“强者”意识，可以说，这是渡过心理危机的良方。

这是发生在非洲的一个真实的故事。

在一个矿井里，6名矿工正在采煤，突然，一声巨响，矿井坍塌了，出口完全被堵住了。

这6名矿工顿时不知所措，陷入慌乱之中，但很快，他们平静下来了，他们一言不发，地下工作的经验告诉他们，他们面临的最大问题就是缺乏氧气，井下的空气还能维持3个多小时，最多3个半小时，而且，这是在应对得当的情况下。他们想，因为矿井坍塌，矿井上方的人应该已经知道了这件事，他们要想获救，上面的人就必须重新打眼钻井才能找到他们。但是，在空气用完之前他们能获救吗？所以，这些矿工们决定尽一切努力节省氧气，于是，他们全部躺在地上了，以减少体力消耗。

这3个小时一下子成为这6名矿工一生中最难熬的时间，他们中间，只有一个人佩戴了手表，他也成为了大家的焦点：过了多长时间了？还有多长时间？现在几点了？大家都不停地问他。时间被拉长了，在他们看来，2分钟的时间就像1个小时一样，每听到一次回答，他们就感到更加绝望。

领头的工人突然发现，如果大家都这样焦虑下去，那么，还没等到走出矿井，就因为呼吸急促缺氧而丧命了。所以，他要求由戴表的人来掌握时间，每半小时通报一次，其他人一律不许再提问。大家遵守了命令。当第一个半小时过去的时候，这人就说：“过了半小时了。”

戴表的人发现，随着时间慢慢过去，通知大家最后期限的临近也越来越艰难。于是他擅自决定不让大家死得那么痛苦，他在第二个半小时的时候，没有通知大家时间，而是又过了四十五分钟，而此时，大家是那么的相信他，谁也没有怀疑。这样，又过了一个小时，他还是说：“又是半个小时过去了。”另外5人各自都在心里计算着自己还有多少时间。表针继续走着，再每过一小时大家都收到一次时间通报。

外面的人加快了营救工作，他们知道被困矿工所处的位置，他们很难在4个小时之内救出他们。4个半小时到了，最可能发生的情况是找到6名矿工的尸体。但他们发现其中5人还活着，只有一个人窒息而死，他就是那个戴表的人。

在这种情况下，人们本能的求生意识被激发，原本只能维持三个半小时生命的矿工们居然坚持了四个半小时，这就是信心的力量。而那位戴表的矿工在时间逝去的提醒下，丧失了信心，“哀莫大于心死”，他是被内心的恐惧打败了。“人生最重要的才能，第一是无所畏惧，第二是无所畏惧，第三还是无所畏惧。”这五名矿工之所以能活下来，再次证明了这个道理。信心能使人们具备顽强的意志力，并可能会“起死回生”。

看完这则故事，青少年朋友们，你是不是有所启发呢？也许生活中，你不会遇到这样的情况，但你必须明白，信心的力量是无穷的。

哈佛启示

对于青少年朋友来说，正处于性格形成阶段的你们更需要自信，做一个自信的人，你才能常看到事情的光明面，才能产生积极的正能量，那么，就没有什么是做不到的。

跳蚤效应：激发自己的潜能，不要给自己设限

在哈佛大学的课堂上，生物学家曾经做过这样一个实验：

把跳蚤放在桌子上，然后拍打桌子，此时，跳蚤会奋身跳起，甚至能跳到高于它身高好几倍的高度。接下来，生物学家把跳蚤放在一个玻璃罩内，再让它跳，跳蚤碰到玻璃罩弹了回来。生物学家开始连续地敲打桌子，跳蚤连续地被玻璃罩撞到头，后来，聪明的跳蚤为了避免这一点，在跳的时候，高度总是低于玻璃罩顶的高度。生物学家再逐渐降低玻璃罩的高度，跳蚤总是在碰壁后跳得低一点。最后，当玻璃罩接近桌面时，跳蚤已无法再跳。随后，生物学家移开玻璃罩，再拍桌子，跳蚤还是不跳。这时，跳蚤的跳高能力已经完全丧失了。

为什么会有这样的现象呢？其实这是一种思维定势下的表现。玻璃罩内的跳蚤，会产生这样一种想法：我再跳高了还会碰壁。于是，为了适应环境，它会自动地降低自己跳跃的高度。于是，和刚开始的“跳蚤冠军”相比，它的信心逐渐丧失，在失败面前变得习惯、麻木了。更可悲的是，桌面上的玻璃罩已经被生物学家移走，它却再也没有跳跃的勇气了。

行动的欲望和潜能被自己的消极思维定势扼杀，科学家把这种现象称为“自我设限”，也就是“跳蚤效应”。

跳蚤调节了自己跳的目标高度，而且适应了它，不再改变。其实，人何尝不是如此呢？很多人不敢去追求梦想，不是追不到，而是因为心里就默认了一个“高度”。这个“高度”常常使他们受限，看不到未来确切的努力方向。作为人类，有什么样的目标就有什么样的人生。

同样，作为青少年朋友，在追求人生梦想的过程，你也一定要记住，梦想有多大，舞台就有多大，无论将来你取得什么样的成绩，你都不要给自己设限，只有这样，才能做到自我突破，将自己的潜能激发出来。

人生不能没有目标，如果没有目标，你就会像一只黑夜中找不到灯塔的航船，在茫茫大海中迷失了方向，只能随波逐流，达不到岸边，甚至会触礁而毁。而有了正确的目标，你这艘航船就会朝着它开足马力，乘风破浪，直到终点。

哈佛告诉学生，成功者之所以能成功，是因为他们有强烈的成功的愿望，他们相信自己能成功，于是，他们有无穷的力量，在追求目标时能做到不遗余力。而失败者之所以失败，并不是因为他们追求不到成功，而是因为他们已经在心里给自己默认了一个高度，他们认为自己根本无法突破，于是，他们常常暗示自己“不可能”、“我做不到”。事实上，心理高度是很多人无法取得成功的根本原因。

1952年7月4日的清晨，浓浓大雾笼罩整个海岸，一位34岁的妇女，从海岸以西21英里的卡塔林纳岛上涉水下到太平洋中，开始向加州海岸游过去。这次，如果她成功了，她就是第一个游过这个海峡的妇女，这名妇女叫费罗伦丝·查德威克。在此之前，她是从英法两边海岸游过英吉利海峡的第一个妇女。

她奋力地游着，当时，雾很大，海水冻得她身体发抖，她几乎看不到护送她的船。时间慢慢前行，千千万万的人在电视上看着。在以往这类渡游中，她的最大困难不是疲劳，而是冰凉刺骨的水温。15个钟头之后，她浑身冻得发麻又很累。她感觉自己不能再游了，就叫人把她拉上船。

在另一条船上的她的母亲和教练都告诉她海岸已经很近了，叫她不要放弃。但她朝加州海岸望去，除了浓雾什么也看不到。几十分钟之后，人们将她拉上船。又过了几个钟头，她渐渐暖和了，这时她回忆起自己渡游的经历。她不假思索地对记者说："说实在的，我不是为自己推脱，如果当时我看见陆地，我能坚持下来。"人们拉她上船的地点，离加州海岸只有半英里！

后来她说，令她半途而废的既不是疲劳，又不是寒冷，而是因为她在浓雾中看不到目标。查德威克小姐一生就只有这一次没有坚持到底。两月后的一天，她成功地游过了这个海峡。她不但是第一位游过卡塔林纳海峡的女性，而且她以超出两个钟头的成绩打破了男子纪录。

这一故事中的女主人公查德威克的确是个游泳好手。为什么第一次她没有游过卡塔林纳海峡，这正如她说的，因为她看不到目标，看不到终点，最终她放弃了。而在第二次的尝试过程中，她能游过同一海峡，是因为她鼓起了勇气。这就是信念的力量。

的确，心中有信念，就会有勇气，就能看到目标，可以说，信心能赋予人们坚忍不拔的毅力。哈佛大学也告诉它的学生们，一个人如果没有明确而坚定的目标，是不会成功的。因此，青少年朋友们，在人生路上，在给自己制定目标时，你也要相信自己，不要给自己设限，只要你有信心，你就能做得到。

哈佛启示

自我设限是一件悲哀的事，事实上，任何一个人的潜能都是无限的，如果你认为自己做不到，那么，你是不可能成功的。因此，你要将成功的信念植入自己的大脑中，相信自己必胜，告诉自己我能行，那么，你就离成功不远了。

马蝇效应：适时自我鞭策，才能不断进取

生活中，我们都有这样的体会，一匹马，即使再懒惰，如果它的身上有只苍蝇叮咬它，那么，它也会飞奔起来，这就是心理学上著名的“马蝇效应”。同样，对于成长期的青少年朋友来说，你们也需要自我鞭策，才能不断奋进。一个人若是自我满足、安于现状、自暴自弃，那么，他最终只会离成功越来越远。从哈佛毕业的林肯总统曾经说过一句话：“一个人只有被叮咬着才会不断努力，不断奋进，才会不断进步。”事实上，“马蝇效应”就来源于林肯的一段有趣的经历。

1860年大选结束后几个星期，有位叫巴恩的大银行家看见参议员萨蒙·蔡思从林肯的办公室走出来，就对林肯说：“你不要将此人选入你的内阁。”林肯问：“你为什么这样说？”巴恩答：“因为他认为他比你伟大得多。”“哦，”林肯说，“你还知道有谁认为自己比我要伟大的？”“不知道了。”巴恩说，“不过，你为什么这样问？”林肯回答：“因为我要把他们全都收入我的内阁。”

事实证明，这位银行家的话是有根据的，蔡思的确是个狂态十足的家伙。不过，蔡思也的确是个大能人，林肯十分器重他，任命他为财政部长，并尽力与他减少摩擦。蔡思狂热地追求最高领导权，而且嫉妒心极重。他本想入主白宫，却被林肯“挤”了，他不得已而求其次，想当国务卿。林肯却任命了西华德，他只好坐第三把交椅，因而怀恨在心，激愤难已。

后来，目睹过蔡思种种行为，并搜集了很多资料的《纽约时报》主编亨利·雷蒙特拜访林肯的时候，特地告诉他蔡思正在狂热地上蹿下跳，谋求总统职位。林肯以他那特有的幽默神情讲道：“雷蒙特，你不是在农村长大的吗？那么你一定知道什么是马蝇了。有一次我和我的兄弟在肯塔基老家的一个农场犁玉米地，我吆马，他扶犁。这匹马很懒，但有一段时间它却在地里跑得飞

快，连我这双长腿都差点跟不上。到了地头，我发现有一只很大的马蝇叮在它身上，于是我就把马蝇打落了。我的兄弟问我为什么要打掉它。我回答说，我不忍心让这匹马那样被咬。我的兄弟说：哎呀，正是这家伙才使得马跑起来的嘛！”然后，林肯意味深长地说：“如果现在有一只叫‘总统欲’的马蝇正叮着蔡思先生，那么只要它能使蔡思的那个马不停地跑，我就不想去打落它。”

当然，在日常生活中，作为青少年朋友来说，你也应有所启示，一个人，只有适时鞭策自己，才能使自己努力向前。

有位名不见经传的年轻人，第一次参加马拉松比赛就获得了冠军，而且还打破了世界纪录。

当他冲过终点时，记者蜂拥而上，不断地追问：“你这么会取得这么好的成绩？”

年轻人气喘吁吁地回答：“因为我的身后有一匹狼。”

所有的人听后都惊恐地回头张望，但并没看到他身后有什么可怕的东西。

这时他继续说：“三年前，我在一座山林间训练长跑，每天凌晨教练喊我起床练习，尽管我用尽全力，也总是没有进步。

“有一天清晨，在训练途中，我忽然听到身后传来狼的叫声，刚开始声音很遥远，可是没几秒钟就已经来到我的身后。当时我吓得不敢回头，只知道拼命奔跑逃命。于是，那天我的速度居然是最快的。”

年轻人顿了顿，又说：“回来后教练跟我说：‘原来不是你不行，而是你身后少了一匹狼！’我这才知道，原来根本没有狼，是教练伪装出来的。从那以后，只要训练时，我就想着自己身后有一匹狼正在追赶，包括今天的比赛，那匹狼仍然在追赶着我，我必须战胜它！”

青少年朋友们，想必你也和故事中的这位年轻人一样，都有着自己的人生目标。可是，你的身后有“狼”吗？这只狼实际上就是催你奋进的“马蝇”。的确，如果在人生路上毫无压力、过于安逸，那么，你就注定平淡、碌碌无为，如果有只“狼”在你的身后追赶着我们前进，你势必会攀上人生的高峰。

哈佛启示

哈佛告诉学生，一个人，越是有能力，越是容易自负。也有一些人，还未遇到一点挫折就自暴自弃，对此，我们只有赶走自负、骄傲和自卑，才能勇往直前，去迎接前面的路。这就如同被苍蝇叮咬的马儿一样，有了自我鞭策之后，我们才会越跑越快。

相信自己，你就能做自己想做的人

自信具有一种魔力，它能让人产生积极向上的态度和努力拼搏的热情。如果你希望自己成为自己想做的人，那么，你首先要树立坚定的信心，要有强烈的愿望，这是不可或缺的。

生活中，每个人都有梦想，每个人都梦想过自己能成为什么样的人，也许是科学家，也许是企业家，也许是医生或者律师等，然而，真正能成功的人却是少数，这是因为大多数人宁愿做梦而不愿实践。而其实，想成为自己想做的人并不难，只要你相信自己，然后朝着梦想奋进。

爱默生是美国著名的学者，也是哈佛的优秀毕业生，他曾经说过：“你，正如你所思。”而那些哈佛人之所以能成功。其实，也就是因为他们对自我有一种积极的评价，从而产生一种自信，而这种自信其实就是一种魔力。它能推动人们朝着目标不断努力。

青少年朋友们，无论你希望自己在将来成为什么样的人，你都要相信自己一定能做到，试想，一个人对自己的未来都没有强烈的信心，又怎么能征服别人呢?

曾经有人问康拉得·希尔顿："何时得知自己将会成功？"希尔顿的回答是："当我还潦倒困顿到必须睡在公园的长板凳上时，我已经知道自己以后将会成功。"马云也曾说过："今天很残酷，明天更残酷，后天很美好，但大多数人死在明天的晚上，看不到后天的太阳。"是的，人就是这样，只要你有坚定的成功的愿望，就能勇敢地去克服、去面对，战胜今天、明天残酷的现实，那后天的太阳一定为你升起，可如果你不这样做，那你只能"死"在明天的晚上，永远看不到后天为你升起的太阳！

可见，无论发生什么事，无论处于什么境地，自信者都相信自己一定能成功。

丁磊自1993年7月大学毕业至1997年5月成立网易公司，在近四年的时间中跳了三次槽，也可以算是比较频繁的了。网易公司在他的带领下取得了一个又一个第一：第一家全中文检索，第一个大容量免费个人主页基地，第一个免费电子贺卡站，第一个网上虚拟社区，第一个网上拍卖平台。同时，刚到30岁的丁磊，其身价也已上升到两亿多美元。

后来，丁磊和徐新在广州一家狭小的办公室里见面。徐新主动问他一些问题："网易在行业内的情况怎么样？"

"我们会是第一。"丁磊第一句话就这么毫不犹豫地回答。

徐新当然知道网易并不是门户网的第一，但她就是觉得："他很有上进心，而不是吹牛，是有实质的自信。我觉得企业家有这种精神是很重要的，他有这么一个理想跟雄心去做行业排头兵。我投的就是他这个自信。"

有媒体："丁磊只用了3年时间就完成了洛克菲勒、卡耐基、福特等人一辈子才完成的原始积累。"丁磊频繁跳槽并取得成功，这是需要很大的决心的，他在机遇面前，敢于做出果断的决定。正如他自信地说："我们会是第一。"正是这种自信，造就了今日的网易和今日的丁磊。

可能很多人都记得，上幼儿园时，老师曾问"将来长大了想做什么样的人？"的确，在任何人的心中都有一个梦想，但长大后，很多人才发现，原来自己早已将儿时的梦想搁浅了。不过，一个人究竟想成为什么样的人，或者内心深处想做什么样的人，这种感觉是不会变的。在追逐梦想的过程中，我们应该勇敢向前，克服畏惧心理，努力成为自己想做的那个人。

哈佛告诉学生，信念是一种无坚不摧的力量，当你坚信自己能成功时，你必能成功，许多人一事无成，就是因为他们低估了自己的能力，妄自菲薄，以致缩小了自己的成就，信心能使人产生勇气，成功的契机，是建立自己的信心和勇气，以信心克服所有的障碍。

现实生活中，有这样两类人，他们具备同等能力，做出相同程度的努力，有的能够成功，有的却以失败告终。其差别是什么呢？对此，哈佛人给的解释是：“人们往往容易把原因归结于命运、运气，其实主要是因为愿望的大小、高度、深度、热度的差别而造成的。”可能你会觉得这未免太过绝对了，但事实上，这正体现了信心的重要性，废寝忘食地渴望、思考并不是那么简单的行为。你必须持续拥有强烈的愿望，并不知不觉地把它渗透到潜意识里去。

自信的产生是自我意识的选择。一个人可以选择成功的自信，也可以选择束缚自己的自卑，这一切全由人自己来决定。青少年朋友，如果你想选择自信，你应先弄清自己身上的优点、长处，一条一条记在心里，不断地告诉自己：“我身上拥有无限的能力和无限的可能性。”当你弄清了自己的强项，选择和发挥自己最擅长的能力，也就是自己的优势潜能时，就自然产生了自信。

哈佛启示

每个人的心中都有一个梦想，但能否实现梦想，做自己想成为的人，关键还在于你是否有足够的自信。当然，在追求梦想的过程中，我们都会遇到挫折，此时，我们唯一能做的就是勇敢向前，一步一步向自己的梦想靠近。

第9章　激励和释放自己，学会调节始终“电量充沛”

哈佛告诉学生，保持好心情，才能增强成事的能力。事实上，生活中，人们都有情绪，情绪是人与生俱来的一种心理反应，青春期更是个情绪化的年纪，但无论如何，如果你不能很好地调节并保持情绪平稳，你势必会陷入一种痛苦的泥潭之中。因此，你必须提升自身的情绪掌控能力。的确，一个善于管理情绪的人，更容易保持平静和愉快，即使遭遇低潮也会乐观地应对，能承担压力，而成为自己生活的主宰。他们容易理解别人，能够建立和保持和谐的人际关系，即使与人产生矛盾，也能有气度地以建设性的方式解决。这样的能力，决定了一个人一生的幸福和成功。

学会控制自己的情绪，时刻保持最佳状态

不能控制自己的情绪，不仅会给自己带来一系列的麻烦，还有可能影响心理健康，保持自己的心灵健康，就应努力控制自己的情绪，做情绪的主人。

心理学上，有个著名的“踢猫效应”，指的是一个人如不及时控制自己的情绪，那么，就会产生一个“情绪链”：

老板骂了员工小王；小王很生气，回家跟丈夫大吵一架；丈夫觉得很窝火，正好儿子回家晚了，“啪”给了儿子一记耳光；儿子捂着脸，看见自家的猫在身

边，不分青红皂白就狠狠地给猫一脚；那可怜的猫不知所措，转身就跑，冲到外面街上，正遇上街上的一辆车，司机为了避让猫，却把旁边的一个小孩撞伤了。

这就是“踢猫效应”，这就是我们的不良情绪带来的结果，相反，如果我们能做到控制自己的糟糕的情绪，那么，就不会把它传染给身边的人，也就不会引发这一连串的问题。

其实，坏情绪本身并没有任何破坏性，但在激动的情况下，人们会做出失去理智的事，它给人带来的负面影响可能远远大于我们的想象，会给我们的生活带来深远的影响。

的确，每个人都有情绪，并且，这些情绪都很复杂，每时每刻都在发生着变化，快乐、激动、悲伤、恐惧、愤怒、忌妒等都可能随时影响我们的心境。事实上，这些情绪都是正常的人应该有的，但面对那些消极的情绪，我们应做到及时控制，让自己每天保持最好的状态。

为此，哈佛告诉所有人，控制自己的情绪是保持心灵健康的法宝。青少年阶段的你，遇事也要理性一点，冲动是魔鬼，会让自己一败涂地，从现在起，一定要做到自制，理智思考并克服自己的情绪。

哈佛大学的教授们还曾经说过：“如果你想成为一个成就卓越的人，除了具备一定的知识和能力外，你还要控制自己的情绪。”的确，青春期是个容易情绪化的年纪，在与同学、家长、朋友打交道的过程中，难免会有烦躁、气愤的心绪产生。但只要你转念一想，万千烦恼事，你不必太过计较，大度一点，情绪就不会爬上眉梢，也不会掌控你，你就能更显雍容和优雅。

“风吹屋檐瓦，瓦坠破我头；我不恨此瓦，此瓦不自由。”的确，砸到我们头的那片瓦，是被风吹落的，并不是有意为之，生活中的那些触犯你的人何尝不是如此呢？不必生气，多为对方考虑考虑，你就能赢得尊敬和赞美，成就自己良好的品质。

有这样一则堪称“神奇”的故事：

曾经有一对年过四十的夫妻，他们在进行年度身体检查时，发现妻子得了乳腺癌，丈夫患了严重的动脉血管疾病，医生坦言他们只剩下半年时间了。这简直犹如晴天霹雳，他们原本幸福的生活似乎一下子就要破灭了。

然而，这对夫妻并没有就此在哀怨中生活，他们想了想，还有半年时间，足够他们完成这辈子最想做的事了——环球旅行。于是，他们卖掉了他们十年前才还清贷款的房子，很快就出发了。

在他们的旅行过程中，他们几乎忘记了生病这一回事，格外珍惜每一天，他们仿佛回到了二十年前他们刚结婚的时候。那时候，他们没钱、忙于工作、照顾孩子，但现在他们有机会了，看到他们甜蜜的样子，没有人会想到他们是一对生命即将结束的病人。

五个月后，他们的旅行结束了，按照规定，他们还需要做一次检查，但在看检查结果时，连医生都惊呆了，他发现妻子的癌细胞已经消失，连丈夫的动脉血管阻塞也好了许多，这个结果让医生感到匪夷所思。

后来，医院就这一对夫妇的情况进行了研究，他们认为这是积极的情绪的作用，快乐的人脑内会分泌一种安多芬，它会增加体内的淋巴球，进而增强对抗癌细胞的能力，让人重新获得健康。

这简直是个奇迹！因此有人说，积极的心态是成功的源泉，是生命的阳光，而消极的心态是失败的开始，是生命的无形杀手。所以我们一定要重视情绪的力量，请察觉每一个情绪背后的意义，它可能是死神的召唤，更可能是改变命运之门的钥匙。

对于青少年朋友来说，你接触到的人和事相对于以前来说都有明显的增加，与人产生矛盾的概率也会大得多，这时，你会很自然地产生一些情绪反应，如东西被他人偷走、走路不小心被他人撞倒等，往往就会觉得很郁闷。但无论如何，你都要学会调整自己的心情，学会以善良之心看待与他人的摩擦，你要明白生活中难免会发生不愉快的事情。为此，在你人生成长之路上，你也应该警醒自己，豁达为人，那么，你人生旅途就会越走越宽。为此，你需要做到以下两点：

1. 学会换位思考，也就是要理解对方，理解爱

每个人都有自己的情感世界，都希望得到别人的理解，也希望理解别人。理解是一座桥梁，是填平人与人之间鸿沟的石土。

比如，在你和他人发生争执的时候，特别想驳倒对方，或者希望对方自己承

认的观点，在解决类似的问题时，是否“体谅”对方会直接导致不同的结果。

2. 养成为他人着想的习惯

比如，你兴致勃勃地参加同学的生日聚会，却遭到他人的冷落或者冒犯，此时，你要尽可能以博大的胸怀宽容对方原谅对方，而不是无论对谁无论对何事都要针锋相对都要斤斤计较。当然，能够原谅对方的前提是，你必须是一个习惯为他人着想的人。

哈佛启示

有这么一句流行语：好的情绪带你进天堂，坏的情绪带你住套房，甚至会住进十八层地狱！学会控制自己的情绪，保持均衡的生活，就能让每一天都过得有意义。

换个角度看问题，就会豁然开朗

生活的快乐与否，完全取决于个人对人、事、物的看法如何。你看世界、看他人的角度决定了你的心情。

在哈佛的课堂上，教授曾为学生们讲过这样一个故事：

有这样一个老太太，她不管阴天还是晴天都要痛哭流涕，人们见了都很纳闷，就问她原因，她说：“我儿子是卖雪糕的，所以一到阴天我就担心儿子的雪糕卖不出去，就伤心得哭个不停；而我女儿是卖伞的，所以一到晴天我就害怕没人买我女儿的伞，也会悲伤地大哭起来。”人们听了，哭笑不得，就对她说：“以后，晴天的时候，你就想人们都去买你儿子的雪糕了，阴天的时候就想人们都去你女儿那里买伞了，不就可以了吗！”老太太一听，终于笑开了。

其实，人生何尝不是这样，当你正遇到难题、为之苦恼时，你不妨换个角度看问题，此时，你会发现，世界是美好的，心情也就豁然开朗了。

青少年朋友们，可能你在生活中也会遇到一些烦恼，也会因此产上一些负面情绪，但只要你能跳出限定的思维，转换一个角度，你便能为情绪找到一个出口。

有这样一个有奖征答活动，题目是：一次，三个人一起坐热气球旅行，这三个人都是关系人类命运的科学家。第一位是核子专家，他有能力防止全球性的核子战争，使地球免于遭受灭亡的绝境。第二位是环保专家，他可以拯救人类免于因环境污染而面临死亡的厄运。第三位是粮食专家，他能在不毛之地种植粮食，使几千万人脱离饥荒而亡的命运。但旅行到一半旅程，却发现热气球充气不足即将坠毁，必须丢出一个人以减轻载重，使其余的两人得以存活，请问该丢下哪一位科学家？

因为奖金数额庞大，征答的回信如雪片飞来。每个人都竭尽所能地阐述他们认为必须丢下哪位科学家的见解。最后，结果揭晓，巨额奖金的得主是一个小男孩。他的答案是：将最重的那位丢出去。

我们在赞叹小男孩的答案时，也不难得出这样一个结论：很多时候，按照传统的思维来解决问题，似乎总是找不到答案，在遇到困惑时，如果你也能和案例中的小男孩一样，跳出常规思维，可能就会豁然开朗。

现在，很多人活得很累，过得很不快乐。其实，人只要生活在这个世界上，就有很多烦恼。痛苦或是快乐，取决于你的内心。人不是战胜痛苦的强者，便是向痛苦屈服的弱者。再重的担子，笑着也是挑，哭着也是挑。再不顺的生活，微笑着撑过去了，就是胜利。

一个午休的时间，班上发生了这样一件事：同学们在教室里自由活动着，艳艳不慎将一个叫洋洋的同学的文具盒碰翻在地，洋洋强迫艳艳道歉，艳艳死活不道歉，于是恼怒中的洋洋使出自己的“独家武功”，艳艳被掐得号啕大哭，两个一向和睦相处的好同桌开战了，战火蔓延，殃及周边的同学，在这种情况下，老师不得不出面。

其实，两人明明知道自己有错，就是死要面子，不肯向对方道歉。看着尴尬的场面，老师只好唠唠叨叨说教开来：“孩子们，其实细想这件事情并不是什么大事情，如果我们多点宽容，或者多点自责，及时地道歉就不会闹成这个样子，凡事要讲理嘛。”二人惭愧地低下了头。

老师又说：“同学们，艳艳是一个需要帮助的同学，她学习基础差脾气也很倔强，无论在学习上还是处事上都需要帮助，过去洋洋给过她很多帮助，如今她们因为针尖大点小事闹矛盾了，本想他们相互道歉和好的，看来他们目前还没有达到这个境界呀，现在有谁愿意和艳艳同坐呢？”老师一边说一边扫视着教室里每一个同学。

“我愿意，我愿意……”教室里很多同学举起手来。

“我不——我不许她调位。”洋洋突然歇斯底里地喊叫着。大家惊异地看着洋洋，这时，老师看见她手里拿着一个纸条，使劲地往艳艳手里塞，而那张纸条的内容是：“艳艳，我错了，实在对不起，咱俩永远是最好的同桌，我不允许你调位。”

的确，对于青春期阶段的你来说，很容易意气用事，因为一点小事，与周围的人发生矛盾，但如果你能退一步，站在对方的角度看问题，凡事讲理，那么，很多矛盾也就迎刃而解了。比如，有人做了让你愤怒的事情，你必然会生气，但你若能站在对方的角度上想一想，那么，你会发现，事情完全是情有可原。每个人都有自己的困难和压力。也许你的同学刚刚被父母训斥了，也许你的朋友正在遭受疾病的折磨……了解清楚了，你就能冷静下来，愤怒情绪也就不存在了。

哈佛启示

其实，那些看似是麻烦的烦恼，有时候，只需要你换个角度、换种心态，就完全是另外一番光明。所以，即使你遇到了挫折，你不妨告诉自己，这只不过是黎明前的黑暗而已，忍忍就过去了。这样一想，事情就没有那么糟糕了。换个角度去观察，世界会更美。

消除焦虑与恐惧，让心安宁

在人生旅途中，很多人为明天而焦虑，他们担心明天的生活、明天的工作，但实际上，这只不过是杞人忧天，我们谁也无法预料到明天，我们所能掌控的只有当下。

有人说过这样的话，人生的冷暖取决于心灵的温度。然而现今社会，忙碌的、紧张的生活更是让人们的心焦虑不安。很多人常常会担忧：要是我失业了怎么办？这个月的房贷又该还了，我好像又老了……令人们焦虑的问题实在太多了，而这些情绪会一直纠缠着我们，哪有快乐可言。而那些快乐者，他们始终能淡然面对一切，每天都开心地生活。

对于青少年朋友来说，可能每天你都会为一些事焦虑，比如，没考上一所好大学怎么办？要是考试前生病了怎么办？新同学不喜欢我怎么办？……但无论如何，这都是明天即将发生的事，现下的你只有摆脱这些恐惧和焦虑，才能以最好的状态迎接明天。

哈佛医学院的教授们认为，心理不健康是导致身体不健康的主要原因。比如，有人在身体不适时，就认为自己得了重病，整天陷入恐慌之中，其实，也许只是小病或者根本没病， 只是他的恐惧心理在作怪。心病还需心药医，只有消除恐惧，保持心理上的健康，才能让身体也健康起来。

布鲁尼是一名癌症患者，已经是晚期了，医生宣布他只有一年的生命。在得知自己生病之前，布鲁尼的性格非常内向，过于胆小谨慎，总是担心很多东西。让人惊讶的是，当得知自己身患不治之症之后，布鲁尼突然想开了，他变得豁达开朗，坦然地接受疾病。布鲁尼没有选择接受治疗，因为到了癌症晚期，治疗只能缓解疼痛，除此之外，没有任何用处。很久以来，布鲁尼一直很向往到世界各地走一走，看一看。当得知自己只有一年的生命时，布鲁尼毅然决然地放弃了一切身外之外，他还卖掉了自己的房子，选择了环球旅行。跟着一艘大船，布鲁尼走遍了世界各地，最后，他来到了中国。很久以来，布鲁尼一直对中国功夫很好奇，尤其是气功。到了中国之后，他找到了一个深山之内的寺庙，跟随那里潜心修行的高僧每日坐禅。经过一段时间的坐禅，布鲁尼惊讶地发现自己原本日渐衰竭的身体居然渐渐地恢复了力量。他每日跟随大师吃斋念佛，坐禅诵经，一年多过去了，他已经领悟了很多佛家的道理，精力和气色也越来越好。不过，既然已经放下了，布鲁尼并没有欣喜若狂地去医院检查自己是否已经战胜了癌细胞，而是继续在自己的最后一站——这座中国深山中的古庙里安心地吃斋念佛，坐禅诵经。

我们不得不怀疑，布鲁尼是不是已经在彻底放空自己之后战胜了癌症。答案可能是肯定的。其实，癌症是一种心因性疾病，长期的紧张、焦虑、不安，特别容易导致癌症。反之，假如一个人积极、乐观、开朗，能够心胸豁达地面对凡尘俗世，自然就能少了很多烦恼，身体也会更加健康。

从这里，我们可以看到，让内心安宁，能帮助人们活得更轻松。同时，内心安宁、不焦虑也是让我们不断前进的保证。相反，面对激烈的竞争，面对瞬息万变的环境，那些内心焦虑的人往往看不清楚真正的自己，也就不能及时察觉自身的缺点，不能用最快的速度修正自己的发展方向，也必然会在学业和事业中落伍，被无情的竞争所淘汰。

那么，青少年朋友们，你是个容易焦虑的人呢？你是否很容易忧虑？你是否像林黛玉一样多愁善感？你是否因为天气不好而心情烦躁？你是否会莫名其妙地悲观沮丧？每当周围有人在吵架的时候，即使与你无关，你是否也会变得烦躁、紧张？你是否经常感到惶恐不安？面对众多的选择，你是否总是无所适从，很难下定决心？在回答这些问题的时候，如果你有三个以上的答案都是肯定的，那么，显而易见，你是一个对外部环境非常敏感的人，你很容易受到外物的影响。

那么，接下来你要做的事情就是学会冥想，为自己建立一个强大的心灵屏障，学会从淡定的生活态度中获取能量。这样一来，外界的消极情绪、负面能量就不能轻而易举地影响到你，从而，你可以更加平静地生活、工作，也会变得更加从容淡定。

其实，在这个方面人们应该像新生婴儿学习，虽然他们每天都无所事事，除了吃喝拉撒睡，就是自言自语，但是他们丝毫不会觉得枯燥，更不是着急、焦虑。究其原因，是因为婴儿的心灵非常纯净，就像一张白纸。所以，他们可以兴趣盎然地盯着自己的手看半天，或者淡定地啃着自己的手趾头。那么，怎样才能使自己更加专注、淡定呢？首先要学会放空，让自己专注于身心。那么，什么叫放空？

假如把人们的大脑比喻成一个容器，那么，放空就是把这个容器中使你焦虑不安的事情都忘记，或者把那些使你紧张得夜不能寐的情绪统统释放出去，取而代之的是淡定、豁达。我们必须认识到，生活在这个世界上，很多事情都是人力所不能改变的，因此，我们所要做的就是快乐地度过每一天。曾经看到过一句话，大意是说，把每一天都当成是世界末日，努力地、用心地过好每一天。

哈佛启示

很多时候，面对一些问题即使你再怎么琢磨，事情也还是会按照既定的轨道往前发展。既然你所忧虑的问题是我们所无力改变的，那么，我们与其在焦虑中度过每一天，还不如坦然面对，快乐地度过每一天。

抑制你的愤怒，拥有平和心性

生气的情绪，对于我们生活来说，犹如一颗定时炸弹，将严重影响我们的正常生活，使生活失去了原本平和的美丽。

马克·吐温说：“世界上最奇怪的事情是，小小的烦恼，只要一开头，就会渐渐地变成比原来厉害无数倍的烦恼。”而对于智者来说，在烦恼面前，他们不会愤怒，因为他们深知，愤怒是十分愚蠢的行为，只会让自己陷入糟糕的情绪循环之中。

哈佛告诉学生们，只有抑制愤怒，我们才能获得平和的心性。在生活中，那些生气所带来的恶劣情绪会挑拨起内心的冲动，冲动的结果将会令我们更加生气。这样一来，情绪就会形成一种恶性循环，从此一发不可收拾。若是远离了生气，抑制了内心的愤怒情绪，我们就会达到开心的彼岸。

一位研究情绪的心理学家曾这样告诉人们：“生气是一种最具破坏性的情绪，它所给人们带来的负面情绪可能远远超过我们的想象。”一个人在生气时，他的所作所为都是没有经过大脑思考的，处处沾染上冲动的痕迹，虽然，怒气在发泄的那一瞬间是顺畅的，但是，后果却需要买单。所以，学会做一个智者，克制住内心的愤怒，千万不要因为生气而说出愚蠢的话，做出愚蠢的行为。

对于青少年朋友来说，你也应把控制自己的情绪、抑制自己的愤怒作为修炼自己良好性格的重要方面。当你遇到了不快的事情、即将要发火时，请告诉自己，如果我原谅他了，我的品质又提升了一步。自然就压制住了要发火的倾向。

我们先来看下面一则故事：

曾经有一名政党的领袖正在指导一位准备参加参议员竞选的候选人，教他如何去获得多数人的选票。这位领袖和那人约定：“如果你违反我教给你的规则，你得罚款十元。”

“行，没问题，什么时候开始？”那人答应。

“现在就开始。我教给你的第一条规则是：无论别人怎么损你、骂你、指责你、批评你，你都不允许发怒，无论人家说你什么坏话，你都得忍受。”

“这个容易，人家批评我，说我坏话，正好给我敲个警钟，我不会记在心上。”

“好的，我希望你能记住这个戒条，这是我教给你的规则当中最重要的一条。不过，像你这种呆头呆脑的人，不知道什么时候能记住。”

“什么！你居然说我……”那个候选人气急败坏。

“拿来，十块钱！”

“哎呀，我刚才破坏了你教给我的戒条吗？”

“当然，这条规则最重要，其余的规则也差不多。”

“你这个骗子……”

“对不起，又是十块钱。”领袖摊开双手道。

“赚这二十块也太方便了。”

“就是啊，你赶快拿出来，这是你自己答应的。如果你不拿出来，我就让你臭名远扬。”

“你这只狡猾的狐狸！”

“对不起，再拿十块钱。”

“呀，又是一次，好了，我以后再也不发脾气了！”

“算了吧，我并不是真的要你的钱，你出身贫寒，你父亲的声誉也坏透了！”

“你居然敢侮辱我的父亲！你这个恶棍！”

“看到了吧，又是十块钱，这回可不让你抵赖了。”

这一次，那位候选人心服口服了。那位领袖郑重地对他说：“现在你总该知道了吧，克制自己的愤怒并不容易，你要随时留心，时时在意，十块钱倒是小事，要是你每发一次脾气就丢掉一张选票，那损失可就大了。”那位候选人彻底服了。

的确，生活中，有些人就像故事中的这位候选人一样，控制不住自己，特别是在不顺心的时候容易发怒。实际上，胡乱发脾气根本解决不了任何问题，反而会把事情弄得更糟。

我们工作与生活的世界本身就是个有条不紊、有规律运行的有机体，只要正常运转，一切都会秩序井然，按部就班。就像一台计算机、一架飞机、一台机器，如果操作正常，控制良好，就能发挥它们的正常作用。人的情绪也如同一架机器一样，一旦失控，就不能正常运转，最终会导致人们陷入失败的沼泽。

聪明人深知，即使生气了也挽回不了什么，徒增许多怨气，于是，他们选择了不生气；愚蠢的人，他们总是看到事情的表面，凡事喜欢生气，总认为生气是自己的专利，殊不知，时间久了，生气成为了自己的本性。做一个聪明人，还是愚蠢的人，关键是看你如何去选择。

英国著名作家培根曾经这样说过：“愤怒，就像是地雷，碰到任何东西都一同毁灭。”如果你不注意培养自己忍耐、心平气和的性情，一遇到导火线就暴跳如雷，情绪失控，就会把你的好人缘全都炸毁。

而对于青少年朋友来说，控制自己的愤怒情绪尤为重要。的确，青春期是一个负重期，现在的你，每天都要面临来自两个方面的压力和挑战：一方面，身体上的发育使你身体内部有大量能量，每天都处于情绪即将爆发的状态；另一方面，强大的学习压力，上课、做题、背书、考试这些词眼每天都会充斥在你的脑海中，心理压力较大。

更重要的是，随着青春期的到来，你们对外在世界渴望了解的欲望越来越强，每天接触的人和事也越来越多，各种各样的信息纷至沓来，这就使你们需要处理的问题越来越多，越来越复杂。每个青少年的血液里也流淌着亢奋的血液，青春期的人你们把什么都挂在脸上，常常喜怒皆形于色，不像成年人那样善于控制或掩饰自己。在与人交往的过程中，一旦产生矛盾，很容易爆发，这也就是为什么很多青春期的男孩总爱发火。

所以，男孩们，你要告诉自己：“发火前长吁三口气。”事实上，很多事情都没有想象中那么严重。如果不学着控制自己的情绪，任着性子大发脾气，不仅解决不了问题，还会伤了和气。

哈佛启示

愤怒是一种大众化的情绪——无论男女老少，愤怒这种不良情绪都在毒害着他们的生活。因此，不管在家里，还是在工作中，甚至在与你亲密的人相处的过程中，都需要进行愤怒情绪的调节，从而浇灭愤怒的火焰。

别纠结，做个果断英明的人

人们烦恼的产生，很多时候都是因为过多思考的原因，问问自己的内心，你便能找到答案。

哈佛告诉学生，人是机遇的产物，在评价一个人的能力以及他的成就时，我们不能忽略机遇的重要性。有时候，一个出乎意料的5分钟就可能决定了一个人的命运。然而，机遇都是稍纵即逝的，对于那些做事优柔寡断的人来说，他们是抓不住机遇的，当别人正在享受机遇带来的成功时，他却被别人远远地抛在了身后。不仅如此，很多人之所以总被烦恼缠绕，也是因为他们不够果断。曾经有这样一个故事：

法国哲学家布里丹养了一头小毛驴，每天向附近的农民买一堆草料来喂。这天，送草的农民出于对哲学家的景仰，额外多送了一堆草料，放在旁边。这下子，毛驴站在两堆数量、质量和与它的距离完全相等的干草之间，可是为难坏了。它虽然享有充分的选择自由，但由于两堆干草价值相等，客观上无法分辨优劣于是它左看看，右瞅瞅，始终也无法分清究竟选择哪一堆好。于是，这头可怜的的毛驴就这样站在原地，一会儿考虑数量，一会儿考虑质量，一会儿分析颜色，一会儿分析新鲜度，犹犹豫豫，来来回回，在无所适从中活活地饿死了。

小毛驴在充足的两堆草料面前，却落得个饿死的下场，真是令人匪夷所思。可见，迟疑不定不仅对人们做出正确的行为无丝毫的帮助，还会让人们延误时机，甚至酿成苦果。

实际上，除了动物以外，人类似乎也在重复这个幼稚的错误，尤其是那些自我意识不强的人，他们总会因为周围人的一些所谓的建议而踟蹰不定，而最终，他们也和这头小毛驴一样一无所获，甚至付出沉重的代价。要摆脱这种苦恼，我们就要训练自己的判断力，要坚定、勇敢、自信、果断，你若一直朝着目标前进，那么，他人一定会为你让路，而对一个摇摆不定、踟蹰不前、走走停停的人，别人一定抢到他前面去，决不会让路给他。

有人说，成功最需要具备的一个要素就是智慧。然而，智慧从何处来？智慧的来源大致有以下三个方面：一是从你的知识中来；二是从你的经验中来；三是从自我反省中来。有智慧的人总是能坚持自我，有很强的自我意识，他们敢于走自己的路，不会因为路上的任何风景而分神，更不会因为别人的言论而自我动摇。有这样一位企业领导，他有个长处，那就是不受他人干扰，即使有人在他旁边唠唠叨叨，他也能静下心来把事情完成，并且，干净利落，决不拖泥带水。他那种明快果决的本领，十分使人折服。

生活中的青少年朋友们，你所处的正是“初生牛犊不怕虎”的年纪，父母长辈们经常告诫你做事要多考虑，否则容易走弯路，但如果考虑过多，就容易形成优柔寡断的性格。在哈佛的课堂上，学生们经常听到这样一个故事：

约瑟夫是个典型的聪明的犹太商人。他曾经投资了一家小型保险公司，但谁知道这家公司居然遇到了火灾，许多投资人心慌意乱，都纷纷把自己的股份卖了。但约瑟夫却剑走偏锋，买下了所有的股份，别人都以为他疯了。

这的确是一场大的赌博，但事实证明，他是有眼光的。就在完成理赔后，这家公司的信誉出奇的好，很多新的客户都很放心地在他这投保，约瑟夫由此也发了大财。

的确，不少犹太人看来，每一次风险都隐藏着许多成功的机会。只有敢于冒险的人，才会赢得财富。

在外人看来，约瑟夫的做法是冒险的，但威瑟夫并不是有勇无谋，他就是掌握了人们对保险这一行业的心理。因此，可以说，他是英明果断的。

然而，生活中的我们，却做不到这样，我们常被身边的各种问题困扰、烦心，因为我们太容易被周围人的闲言碎语所动摇，太容易瞻前顾后，患得患失，以至于给外来的力量可以左右我们的机会，这样，似乎谁都可以在我们思想天平上加点砝码，随时都有人可以使我们变卦，结果弄得别人都是对的，自己却没有主意，这真是我们成功途中的一个大障碍。

因此，青少年朋友们，如果你希望在未来有所建树，如果你希望自己能摒除生活中的某些烦恼，那么，你就要培养自己出色的判断力，遇事要沉着冷静，自己开动脑筋，排除外界干扰或暗示，学会自主决断。要彻底摆脱那种依赖别人的心理，克服自卑，培养自信心和独立性。

哈佛启示

生活中，很多时候，你需要面临两难的抉择，如果你在决定后又左右迟疑，当断不断、不愿实施，那么，你便会为自己带来很多困扰。你不妨随“心”所欲，把一些都交给自己的心决定，这样你便能获得快乐，获得好情绪。

第10章　用心感受幸福，快乐与温暖能让你飞得更高

古往今来，幸福在人们的观念里有着不同的内容和解释。很多人说幸福是一种感受，是一种经过，是对满足需求后的一种感受，但更重要的，真切的幸福是对需求的一种理解。但哈佛幸福课教授本·沙哈尔说："一个幸福的人，必须有一个明确的、可以带来快乐和意义的目标，然后努力地去追求。真正快乐的人，会在自己觉得有意义的生活方式里，享受它的点点滴滴。"每一个青少年朋友，在你成长的过程中，你也要记住本·沙哈尔的话，学会用心体会幸福，用积极的心态去看待生活，你就能成为一个幸福的人。

幸福感的源泉在于积极的心理

在本·沙哈尔的课堂上，他曾对幸福感做出这样一种阐释：幸福感是衡量人生的唯一标准，是所有目标的最终目标。

有一项统计显示，在美国，抑郁症的患病率，比起20世纪60年代高出10倍，抑郁症的发病年龄，也从20世纪60年代的29.5岁下降到今天的14.5岁。而许多国家，也正在步美国后尘。1957年，英国有52%的人，表示自己感到非常

幸福，而到了2005年，只剩下36%。但在这段时间里，英国国民的平均收入却提高了3倍。

为什么人们越来越富有，反而越发不开心呢？很简单，因为人们没有感受到幸福。

在哈佛的校报上，也曾刊登了一篇辅导员的信：我想我快崩溃了，在我管理的宿舍内，已经有20个学生出现了心理问题，他们有的因焦虑而无法完成学期作业，有的因精神崩溃忘记了考试……

还有一位哈佛毕业生曾说过："可能我们没有发现，那些看起来成绩很好、各方面都很棒的学生，其实，他们并不幸福，他们甚至长期被某种心理疾病控制着。"

在意识到这一点后，哈佛的青年教师泰勒·本·沙哈尔开设了一门"幸福课"。沙哈尔的经历如今已经在哈佛被广为流传。

在很小的时候，本·沙哈尔就已经开始寻找幸福了，他从小生活在以色列。他曾经为了参加全国的壁球比赛进行了长达五年的训练，在这段时间内，他常常感到孤独和空虚，他总感觉自己的生命里好像缺少了什么。他告诉自己，我一定要坚强，只有这样，才能取得最后的胜利，也许胜利了，就幸福了。

他参加全国的壁球比赛是在他16岁那年，他的努力终于获得了回报——他获得了冠军，他为此欣喜若狂。那时候，他满以为自己五年前的想法是正确的：成功可以带来幸福。然而，很快，他又察觉到自己是空虚的。他也曾试着回味胜利给自己带来的欣慰，但他发现，这并不是真的幸福，那么，到哪里去寻找幸福呢？

从那以后，沙哈尔开始专注身边那些看起来很幸福的人，并向他们请教，他也曾读过很多关于幸福的书。后来，他进入哈佛主修心理学和哲学，他才渐渐清晰地认识到幸福的本源：幸福是与快乐和积极联系在一起的，一个幸福的人，必当有着一个能给自己带来快乐和意义的目标。

在沙哈尔开设幸福课之初，来听课的人寥寥无几，但如今，走在哈佛的校园中，你随意找个学生打听一下，你会发现，如今，在哈佛最受欢迎的不是王牌课《经济学导论》，而是沙哈尔教授的幸福课。

“最初，引起我对积极心理学感兴趣的是我的经历。我开始意识到，内在的东西比外在的东西对幸福感更重要。通过研究这门学科，我受益匪浅。我想把我所学的东西和别人一起分享，于是，我决定做一名教师。”沙哈尔自己说，他正是源于这个理由，才在哈佛从本科一直读到博士，毕业以后没有去大公司任职高薪职位，而是留在了母校任教。

在沙哈尔的课堂上，他常常对幸福感做出这样的诠释：衡量人生的唯一标准就是幸福感，是人们生存乃至生活的最终目标。他还对这句话进行解释：“人们衡量一个人是否商业成功的标准就是钱，用钱去衡量盈亏、利润、税务等，所有和钱无关的都不会被考虑进去；同样，人生也有盈亏，不过，你若想使得你的人生积极起来，就要把负面情绪当做支出，把正面情绪当做收入。当正面情绪多于负面情绪时，我们在幸福这一‘至高财富’上就盈利了。”

青少年朋友们，你对幸福又有什么理解呢？如果你也想成为一个幸福的人，你也就必须为自己树立一个可以让自己快乐的目标，这样，你便能成为一个积极的人。我们再来看下面一个故事：

有一天，在某个公交站牌处，一个小女孩和妈妈起了争执。

小女孩有点生气地对妈妈说：“我就要去海边玩，为什么你不让我去！”

妈妈劝她：“不是早说过了吗，今天出太阳了咱就去，但今天没有出太阳啊，而且天气预报说还可能要下雨呢，还是改天再去吧。”

“妈妈骗我，今天出太阳了……”

妈妈笑了起来，问道：“哪里有啊，不要骗人，你说说，太阳到底在哪儿？”

小女孩抬起头来，东看看西瞧瞧，然后指着天空喊：“那不是在那儿嘛。”

“没有啊，那只是乌云而已呀。”

“对呀！”没想到，小女孩一副非常认真的样子，“太阳就躲在乌云的后面呢，等一会儿乌云一走开，太阳不就出来了吗？”

听到小女孩的话，所有等车的人都笑了。

对于积极的人类来说，太阳每天都在天空中，虽然有的时候我们看不见它，那是因为它正躲在云的后面，而乌云总有散开的时候，就如人生总有诸多的幸福会接踵而来一样。

青少年朋友们，乌云密布的时候，你是怎样看待的呢？如果你也能看到乌云后的太阳，那么，你也就是个积极的人。其实，积极的心理也是可以通过练习和学习而获得的，这一点，本·沙哈尔已经做到了。

哈佛启示

哈佛大学曾做过的一项有关“幸福感”的研究，研究表明，人的幸福感主要取决三个因素：遗传基因、与幸福有关的环境因素以及能够帮助我们获得幸福的行动。而积极的心理，可以帮助人们更快乐、更充实、更幸福。

剖析内心，让自己拥有自我认知能力

懂得珍惜，最为可贵，善于知足，最为幸福。

也许每个人都曾问过这样的问题，幸福到底是什么？大多数人也许认为，拥有名利地位、拥有奢华的生活就是幸福。实际上，幸福是简单的，有时候，夏日里的一丝凉风、冬日里的一件棉衣就是幸福。为此，哈佛教授认为，幸福并不是某种固定的实体，而是一种精神与物质的统一，更多地表现在精神体验上。

哈佛的一位教授曾做过一项持续6个月的心理健康研究，其结果显示：过去的一年中，有80%的哈佛学生，至少有过一次感到非常沮丧、消沉；47%的学生，至少有过一次因为太沮丧而无法正常做事；10%的学生称他们曾经考虑过自杀……

为什么求学于世界高等学府，还会如此沮丧呢？哈佛幸福课教授本·沙哈尔这样解释：因为人们常常被“幸福的假象”所蒙蔽。

本·沙哈尔说：“我们所处的社会环境和文化背景是这样的：假如孩子成绩全优，家长就会给奖励；如果员工工作出色，老板就会发给奖金。人们习惯性地去关注下一个目标，而常常忽略了眼前的事情，最后，导致一生盲目追求。”

人们在追求目标时，都希望能早日实现，然而一旦目标达成后，人们常把放松的心情，解释为幸福。好像事情越难做，成功后的幸福感就越强。不可否认，这种解脱，让我们感到真实的快乐，但它绝不等同于“幸福”，它只是“幸福的假象”。

青少年朋友们，在学习的过程中，你可能有过这样的体验：如果你总是第一名，那么，时间一长，你也就失去了成就感；而如果你长期处于中上游的成绩水平，却因为努力学习拿到了第一名，那么，你会感觉自己的努力得到了回报，这种幸福感往往大于前者。其实，一味地得到和收获也不能让你体会幸福，相反，很多幸福的瞬间，是只有失去才能带给你的。那么，现在的你，看清楚“幸福的假象”了吗？

一天，一只鸡啄来啄去满地寻找食物，它要给自己和自己的孩子寻找可以填饱肚子的东西。突然间，它从一堆废弃的树叶中发现了一颗珍珠，它惋惜地说：“如果你的主人找到了你，他会非常高兴地把你捡起来，把你当成宝贵的财富，可我要寻找的是米粒，而不是你，对于我来说，你毫无用处，一文不值啊！世界上所有的珍珠，都不如一颗米粒对我有吸引力。”

又一天，一只精明的猎狗在森林里寻找主人打下来的猎物，在偶然间看到了一袋黄金。它跑上前去嗅一嗅，懊丧地说：“哎，我还以为找到了主人打下来的猎物呢！不过，我相信主人肯定会非常喜欢，说不定他一高兴就每天赏赐我几根骨头呢！”猎狗这样想着，叼起那个口袋跑到主人身边。

“你真是太伟大了！我要用其中的一块黄金给你配一身最好的行头！”主人抚摸着猎狗说。

猎狗连忙恳求道：“不，如果您不介意的话，我想每顿享用几根骨头。”笑逐颜开的主人爽快地答应了，猎狗从此每天都可以吃到骨头。

幸福不是获得更多的财富与地位，而是一种知足，懂得知足，就能懂得享受最为简单的幸福。

然而，在现实生活中，我们发现，一些年轻人，随着年龄的增长，各方面的需求不断增加。为了尽早实现一个个愿望，他们不停地奔波劳碌，在一个又一个目标前奋力冲刺，这成了某些人最习惯的生活方式。纵然实现一个小目标的成就感会让自己得到暂时且短暂的喜悦感，而第二天一起床，这种感觉很快就消失得无影无踪。

还有一些人，他们衣食无忧、母慈子孝，照说，他们应该觉得自己很幸福，可为什么他们总是羡慕别人的生活和快乐，而感受不到自己的幸福呢？其实，幸福的本质不在于追求什么，获得什么，而在于珍惜你所拥有的一点一滴，让心懂得享受，学会满足。

懂得珍惜，最为可贵，善于知足，最为幸福。当一个人珍惜了生命，生命便会长久，当他珍惜了家人、朋友之间的情感，他便能在友善的交流中，获得快乐与更多的幸福。真正的幸福不是你每天得到了什么，而是每天你都能对自己拥有的一切，怀抱着一颗满足、感恩、珍惜的心，如果我们能够保持着这种态度来对待生活中的每一天、每件事，那么，即使人生中有摆脱不了的悲苦、辛酸，我们也能让它们转化成有价值、有意义的事。

德国哲学家叔本华曾说过：“我们很少想到自己拥有什么，却总是想着自己还缺少什么！不要感慨你失去或是尚未得到的事物，你应该珍惜你已经拥有的一切。”

生活在这个世界上是很不容易的，而生命却是有限的。

每一个朝气蓬勃的青少年，都应该学会珍惜现在的生活。那么，从现在起，不妨学会知足吧！

当你每天为了生计奔波的时候，你应该知足了，因为你还有家人；

当你对父母的唠叨不胜其烦的时候，你应该感到知足，因为你还有父母的关心；

当你为早起上学而烦恼的时候，你应该感谢自己，感谢自己能有上学的机会。

当你没有汽车接送上下学而骑自行车的时候，你应该感谢上苍，让你拥有健康。

哈佛启示

幸福的感觉，依托于物质的满足、成就的获得等，而它的源泉，则在于懂得知足和时刻珍惜。

听哈佛教授讲"幸福型"汉堡

一个幸福的人，是既能享受当下，又能着眼未来的人。

哈佛教授本·沙哈尔曾说："一个幸福的人，必须有可以带来快乐和意义的目标，然后为之努力，真正快乐的人，会在自己认为有意义的生活里，享受它的点点滴滴。"他之所以有这样的感悟，来源于他曾经吃汉堡的一次经历，在后来的课堂上，他总结出了四种人生模式。

在他16岁那年，为了参加壁球比赛，他被要求严格控制自己的饮食，以控制体重。每天，他都只能吃一些全麦面包、瘦肉、蔬菜、水果等，这对于正需要热量的青春期的他来说简直是一种折磨。沙哈尔暗暗决定，等比赛一结束，一定要大吃一顿垃圾食品。

炼狱般的比赛生活终于结束了，这天，沙哈尔怀着放松的心情直奔附近的汉堡店，然后一下子买了四种汉堡，正当他打开汉堡的包装纸准备一饱口福的时候，他突然意识到：这一个月以来，我虽然每天都在受煎熬，但我吃的都是健康的食品，我的体重控制了，我每天都精力充沛。现在，如果我吃了这四个汉堡，那么，我很可能会为此后悔。看着眼前的四个汉堡，沙哈尔突然有种人生感悟，这四个汉堡不就代表着四种不同的人生模式吗？

第一种汉堡，表明看起来，它是那么的可口，那么的诱人，但你要记住，它是标准的“垃圾食品”。如果你吃了它，你当然会获得快乐，但你可能会埋下痛苦的种子。其实，人生也是如此，“及时行乐”就是对未来人生幸福的透支，因此，你需要想清楚自己的决定。

第二种汉堡，这是标准的健康食品，里面全是蔬菜和有机食物，但实在难以下咽。用它来比喻人生，应该可以表示为“先苦后甜”，牺牲暂时的幸福来获取未来的幸福生活。

第三种汉堡，相信谁也不会选择这类汉堡，因为它既不好吃，也不健康。但若有人选择类似于这样的人生，那么，相比他是一个自暴自弃、对生活没有希望的人。

接下来，沙哈尔想，会不会还有一种汉堡，又好吃，又健康呢？那就是第四种“幸福型”汉堡。一个幸福的人，是既能享受当下所做的事，又可以获得更美满的未来。

这就是“幸福型”汉堡——4个小小的汉堡，4种截然不同的人生态度。在课堂上，当沙哈尔让学生选择做哪类人时，答案几乎都是幸福型。

那么，青少年们，你会选择哪种人生模式呢？毫无疑问，你也会选择幸福型。然而，一时的选择容易，长时间的身体力行却不易做到。

通常来说，人们都会认为，人生最美好的风景当然是在前方，于是，他们总是马不停蹄地赶路，总是对前方的路满怀期待，当然他们总是在不断地失望。而人们忽略的是，当下的风景也会让人沉醉！

可能你会说，我们每天都需要面临高强度的学习压力，面临升学的压力，我们总是在和时间赛跑，哪有时间和精力去欣赏风景？然而，生活中处处是风景，你缺少的也是发现美丽风景的眼睛。

可能你会认为，现在我的人生才刚刚开始，还有大把的时间去欣赏风景，然而，当你殚精竭虑地攫取了满怀的鲜花之时，抑或白发苍苍时，你已没有机会再回头去观赏它的淡雅美丽了。

可见，追求幸福，就是要选好自己的人生模式，更为关键的，就是挥别那种精神和心境的无知无觉的疲惫状态，做好自己能做的一切，把握今天，着眼未来。

对于现下的你来说，要把握今天，就是要你做到努力学习，充实自己，然后以最饱满的精神状态迎接明天。

曾听一位教授讲过这样一个故事：

一位迟暮之年的富翁沐浴着冬日的暖阳在海边散步，他看到一个渔夫在悠闲地晒着太阳，就问道："你为什么不打鱼呢？"

"为什么要打鱼呢？"渔夫反问道。

"挣钱买大渔船啊！"

"买大渔船干什么？"

"打很多的鱼，你就可以成为富翁了。"

"成了富翁又能怎么样呢？"

"你就不用打鱼了，可以幸福自在的晒太阳啦！"

"我不正在晒太阳吗？"

富翁哑口无言。

是啊，有时候我们苦苦追求的所谓的幸福与快乐，其实就在眼前，那又为什么不知足呢？我们中的很多人，也许经过多年的打拼和艰苦的奋斗，也会有所成就，难道一生就如此忙碌地拼搏到死吗？其实，享受真正的人生之旅比直到那旅程结束时还没有感受到快乐重要得多。

人不能改变过去，也不能控制将来，人能控制改变的只是此时此刻的心念、语言和行为。过去和未来的东西都虚无缥缈，只有当下此刻才是真实的。因此，一个人的生命不管能否长久，生命过程应该是丰富多彩的，无论人的生命长久与短暂，人生的道路应该是宽阔有风景的，过程应该是愉快幸福的。

可见，有时，生活中的任何人，也包括青少年朋友，都要懂得享受过程，真正让我们得到满足的也是过程，人的一生也是如此，最美的不是结果，而是人生的旅途。

哈佛启示

现实生活里，大多数的人都渴望人生的丰富多彩，不遗余力地追求理想目标的实现，却不知道淡然地享受人生过程，就是享受人生平平淡淡的幸福快乐。其实，无论人生目标有多么的瑰丽辉煌，也不能为了"短暂"的拥有，而放弃过程里的开心微笑。

哈佛教授给出的10条幸福小贴士

每个人都追求幸福，但每个人对幸福的定义不同，获得幸福的途径自然也就有千万条。

在哈佛，泰勒本·沙哈尔的"幸福课"非常受学生们的欢迎，出勤率平均在95%以上。他的助手曾经这样评价这门课：它是奇妙的，每当我看见学生们离开教室时那轻盈的步伐，你就能看出沙哈尔以及这门课的魅力了。

大千世界中，人们对于幸福的定义都是不同的，因此，人们追求幸福的方式也千差万别。哈佛幸福课教授沙哈尔为了让学生更好地记住"幸福课"的要点，他把幸福课的要义简化出10条小贴士：

1．遵从你内心的热情

以选课为例，你应该选择让你获得快乐的课，而不是为了修学分，也不是听从他人的意见，认为这门课对你有好处。

同样，青少年朋友们，无论是选课还是做其他事，你都应该听从内心的声音，只有热情，才有激情，才能找到幸福。

2. 多和朋友们在一起

日常学习和生活再忙，也不要忘了和朋友、家人聚聚，享受一下亲密的人际关系，它是幸福感的来源之一。

然而，不得不说，很多青少年朋友都太忙了，忙着学习，忙着考试，忙着去各种各样的辅导班，但无论如何，请别忘了，有时间就和几个朋友一起叙叙旧、玩玩游戏、做做运动，这也是一种幸福。

3. 学会失败

爱迪生曾深有感触地说："失败也是我需要的，它和成功一样有价值。只有在我知道一切做不好的方法之后，我才知道做好一件工作的方法是什么。"

的确，没有人能随随便便成功，成功者多半都是在摔了无数次的跟头后继续爬起来上路的。敢于失败者才会获取成功，因此，你不要被所谓的失败绊住你前进的脚步。

实际上，每一次的失败中都蕴含着丰富的经验教训，弱者只会沉溺其中，而强者则会从中学到东西，最终重新站起来。

4. 接受自己

你不必苛求自己，苛求自己完美，苛求自己保持良好的情绪，要知道，人都是情绪的动物，在平凡的人生中，人的情绪总会不断滋生，它的平凡就像阴晴的天气一样交替，你应允许自己有偶尔的失落、烦躁、悲伤、失望，你要学会坦然地面对自己的消极的情绪，尽快调整、转变它，你就能主宰自己的心情，把握自己的幸福。

5. 简化生活

生活中，为什么有很多人拥有很多却并不幸福呢？因为更多并不总代表更好，好事多了，也不一定有利。

当然，简化生活并不是使生活流于平淡，它是对生活的及时清理，及时清除那些阻塞我们寻找幸福之路的绊脚石，只有拓宽了自己的思维，只有充实之后的坦然与从容，你才能拥有高品质的生活，才能消除那些对名利的渴望，才能摒除那些瞻前顾后的烦恼。简化生活，我们才懂得生活的真正含义，我们也获得了豁然开朗的轻松与快慰。

6. 有规律地锻炼

体育运动是你生活中最重要的事情之一。每周只要3次，每次只要30分钟，就能大大改善你的身心健康。

不知你有没有这样的体验：当你遇到一件痛苦的事而不知道如何排解时，你进行了一项你很喜欢的运动，你是不是觉得心情舒畅多了？这是因为运动能缓解一个人的心理紧张和焦虑，能分散对不愉快事件的注意力，将你从不愉快事件中解脱出来。

另外，很多时候，人们的坏情绪和健康问题有着很大联系，适量的运动能消除疲劳，减少或避免各种疾病。

的确，身体是革命的本钱，无论你对未来有什么憧憬和规划，你都需要一个健康的身体作为前提。幸福人生就是从健康的身体开始的，因此，善待你的身体吧，只要你每天抽出半个小时进行锻炼，要比在电脑旁边多待半个小时好处多多。

7. 睡眠

虽然现下的你每天要面临繁重的学习，偶尔不得不加班加点学习，但你必须要保证每天拥有7~9个小时的睡眠，这样，你会发现，你好像充满了电一样，你的学习效率会提高很多。

的确，对于任何人来说，睡眠都是最好的补品，也是对容颜和精神最好的滋养。给自己选择一个舒适的睡眠环境，认真地投资睡眠，慎重地对待这人生三分之一的时间。

8. 慷慨

人常说：送人玫瑰，手有余香。能够慷慨地给予别人帮助的人，这份情意的暖流在流入别人心田之后，在某个时刻，定会流回到你的心里。

可能你会说，我还是个学生，没有收入，身上也没有太多钱，但这，但这并不意味着你无法助人。“给予”和“接受”是一件事的两个面。当我们帮助别人时，我们也在帮助自己；当我们帮助自己时，也是在间接地帮助他人。

9. 勇敢

勇敢的人并不是无所畏惧，而是在心怀恐惧的情况下依然向前。每一个青少年朋友，都应该记住，你的手里有一本幸福字典，上面写满了两个字——拼搏。它告诉你，遇到问题，别退缩，勇敢面对，就能闯过去。

10. 表达感激

青少年朋友们，不要把父母和长辈们对你的付出当成是理所当然的，请记录那些别人对你点滴的恩惠，然后常怀感恩之心。一个懂得感恩的人，才是真正幸福的。因为感恩会让你的内心开出温馨的花来。

哈佛启示

幸福在于把握现在，在于时刻感悟。有人说自己是不幸的，生活中总是充斥着烦恼，而实际上，人生的幸福与烦恼都是等量的，关键在于你如何感受。假如你能用心去感受，你一定能被幸福包围。

幸福的本质到底是什么

幸福不仅仅是对某种需要的满足，而是对某种需要的理解。

生活中，很多青少年都感叹自己不幸福，他们不知道幸福是什么滋味。在为这个问题纠结之前，你应该问问自己是否理解幸福的本质，因为只有了解了幸福的本质，才会用心体味幸福。对此，哈佛幸福课教授本·沙哈尔曾说：“幸福的本质不仅仅是对某种需要的满足，而是对某种需要的理解。”

的确，可能在很多青少年朋友的眼中，哈佛学生是你羡慕的对象，他们可以在世界最高学府学习，毕业了可以从事自己理想的工作，他们会在事业上一帆风顺。但事实不然，根据哈佛心理学家的调查，在哈佛大学， 无论是成绩优秀还是一般的学生，他们都不时地会担忧自己面对社会时的境遇，对于金钱和事业的发展依然会很迷茫。

在哈佛教授沙哈尔的幸福课上，他这样教他的学生怎么看待自己未来的工作与金钱、幸福的关系。

仔细考虑以下三个关键问题，先来问问自己：一、什么带给你人生的意义？二、什么带给你快乐？三、你的优势是什么？并且要注意顺序。然后看一下答案，找出这其中的交集点，那个工作，就是最能使你感到幸福的工作了。

沙哈尔认为，金钱和幸福，都是生存的必需品，并非互相排斥。

美国心理学家戴维·迈尔斯和埃德·迪纳的曾经做过一项研究，这项研究表明，一个人的财富多少，与其幸福程度并没有很大的关联。相反，社会财富的增加并没有让人们变得更加幸福。在大多数国家，收入和幸福的相关性是可以忽略不计的；只有在最贫穷的国家里，收入才是适宜的标准。

然而，生活中，有太多人，为了金钱的保障，被一个不喜欢的工作所捆绑，他们生活得并不幸福。据有关机构统计，在美国，有50%的人对自己的工作不甚满意。但沙哈尔认为，这些人之所以不开心，并不是因为他们别无选择，而是他们自己做出的决定让他们不开心。因为他们首先看重的是物质与财富，随后才是了快乐和意义。

由此可见，幸福不是获得更多的金钱与财富，而是得到最适合自己的东西。因此，如果一个人弄清楚自己内心真正需要什么，那么，为之努力的过程和获得的结果才能让你产生幸福感。

有一个学者出门寻找世界上最快乐的人，他走了很远的路，问了沿途碰到的所有人，他们都说自己不快乐。

有一天，学者终于来到皇帝的宫殿，皇帝坐在用黄金做成的椅子上，他身后是一座藏有数不尽金银财宝的巨大宝库。学者问皇帝：“你一定是世界上最快乐的人了！”皇帝愁眉苦脸地对学者说：“怎么会呢？我每天要考虑所有国家大事，外敌正在入侵我的领土，我怕我的大臣起来谋反，我怕小偷偷走我的珠宝，我怕生病，我怕死亡……哎！我是世界上最不快乐的人！”

学者垂头丧气地从皇宫里走出来，顺着原路往家赶。经过一片荒野时，发现前边有人坐在一堆火旁边，一边唱歌，一边烤着什么东西，他走过去一看是一个乞丐，他奇怪地问道：“看样子你一定很快乐了！？”乞丐答：“我捡到了半根香肠，晚上不用挨饿了！我现在是世界上最快乐的人！”

大千世界，芸芸众生，各人有各人的活法，各人有各人的快乐，对幸福的理解也大相径庭。不同的人，对幸福的追求与体验是完全不同的：对孩子们来说，一个小小的玩具都能使他们感到幸福；恋人们的幸福在于浪漫的约会、甜蜜的语言、出则牵手同行，入则相拥相亲；中年人的幸福是儿成女就，事业有成；老年人的幸福则是宁静、安详、平和……但所有的幸福都是建立在对需要的理解上，一个已经陷入欲望的沟壑的人是永远不懂幸福的。

因此，我们不得不承认的一点是，生活中，人们之所以活得累，就是因为他们想要的太多。情感、物质、名利，不但要拥有，还要拥有最好的。于是乎，追求无止境，欲望无止境，好不容易得到了，又这山看着那山高。于是乎，还得追求，还要奋斗。好不好呢？好。人如果没有了追求，岂不成了行尸走肉！但凡事有度，如果因为追求更高更好而放弃了已经拥有的东西，如果因为奋斗失去了享受的过程，那就本末倒置了。毕竟，不是每个人都能成为比尔·盖茨，也不是每个人都能成为商界精英、政界豪客。所以，要想活得幸福，就要学会知足，学会理解幸福，理解平淡的生活，就能获得快乐。

青少年朋友们，你对幸福的本质有了解吗？其实，你不妨想想，现在的你，有疼爱自己的父母长辈、可以坐在宽敞的教室里读书，这不就是一种幸福吗？

哈佛启示

哲人说，欲望是人的痛苦根源，因为欲望永不能被满足。而幸福感是心理欲望达到满足的状态，是对内心需求的一种理解。因此，一个人只有了解了自己的需求，才能更好地理解幸福，最终获得幸福。

下篇

哈佛人成功的砝码

第11章　张开思维的翅膀，让新鲜的创意驰骋迸发

哈佛大学第24任校长普西曾经说过："一个人是否具有创造力，是一流人才和三流人才的分水岭。"的确，当今社会已经是一个创新型社会。然而，创新的成功，总是孕育着创新者的强烈创新意识。为此，每一个青少年朋友，在日常生活和学习中，就要鼓励自我打破思维禁锢，突破常规的路线，激活创新的意识。只有这样，你才能将自己历练成为一个创新型人才。

哈佛培养的是创新的头脑

知识经济时代，思维已经成为最高的生产力。谁的思维更敏捷，谁的想法更高明，谁就更容易获得财富，更容易提升自己的价值。

提到哈佛，可能青少年朋友更容易想到的是，这是一个学术氛围严谨、师资力量雄厚的学府，然而，哈佛之所以成为世界一流的学府，靠的不仅仅是这两点，还有它培养出了很多成就不凡的人。

近期，美国知名财经杂志《福布斯》评出了产生亿万富翁最多的美国14所大学，其中有斯坦福和耶鲁大学等，然而，名列榜首的是哈佛大学。

在《福布斯》评出的这469位美国亿万富翁排行榜中，有50名曾在哈佛大学就读。其中就有众人皆知的包括微软巨头比尔·盖茨（Bill Gates，他中途辍

学）、微软首席执行官史蒂夫·鲍尔默、纽约市市长迈克尔·布隆伯格、媒体巨头维亚康姆董事长兼首席执行官雷石东等。

然而，当我们研究这些亿万富翁的发家史时，可以发现一个规律：他们敢于拼搏，但他们从来不盲目奋斗，而是头脑灵活，善于寻找商机。

的确，当今社会，一切竞争都可以归结为头脑的竞争，因为头脑能催生出创意，能从根本上决定成功与失败。因此，任何一个青少年朋友，如果你希望获得进步，希望在未来也和哈佛学子一样有一番成就，那么，从现在起，你就要重视思维能力的培养。

在哈佛，每一个学生都在课堂和课余时间锻炼着自己的头脑，扩展了自己的眼光和思维。他们知道，这是一个脑力制胜的年代，谁的想法更高明，更有效，谁就更容易提升自己的价值，获得财富的垂青。

可能很多青少年朋友会说，年轻人不应拜金，然而，拜金和对财富的追求并不是一回事。追求财富并没有错，他不仅能改善生活的需求，更能激发大脑潜能，调动大脑思维的最原始的动力。

很多时候，一个金点子，花费不多，却拥有点石成金的力量。只有看到别人看不到的东西的人，才能做到别人做不到的事。灵活的头脑和卓越的思维为我们提供了这种本领，深入地洞察每一个对象，就能在有限的空间，成就一番可观的事业。

曾经有两个人，他们一起出差。这天，工作任务完成后他们来到大街上闲逛，其中一个人看见路边一个老妇在卖一只黑色的铁猫，细心的他发现，这只铁猫的眼睛很特别，应该是宝石做的，于是，他询问老妇能不能用一整只铁猫的价钱来买一双眼睛，老妇虽然不大高兴，但最终还是同意了，然后把这只铁猫的眼珠子取出来卖给了他。

回到宾馆以后，他迫不及待地把自己的经历告诉了同伴。同伴听完后，问清楚了事情的前因后果，然后问他老妇在哪里，说自己想买剩下的那只铁猫。

于是，他便把地点告诉了同伴，同伴拿了钱立即就去寻老妇去了，一会儿，他把铁猫抱了回来。他说，既然这只铁猫的眼睛都是宝石做成的，那么，这只铁锚的猫身肯定也价值不菲，于是，他拿起铁锤往铁猫身上敲，铁屑掉落后发现铁猫的内质竟然是用黄金铸成的。

这里，我们不得不佩服这个最后买走缺了眼睛的铁猫的人，他的思维是独特的。的确，既然猫的眼睛是宝石做的，那么它的身体肯定不会是铁。正是这种逆向思维使同伴摒弃了铁猫的表象，发现了猫的黄金内质。

的确，思想是超越现实的起点，同时也可能成为禁锢创新的囚笼。对于成长中的你来说，思维的成熟程度以及深度将直接决定你们将会成为一个什么样的人、做什么事情甚至是你们生命的长度。

哈佛启示

任何一个青少年都应培养自己的思维能力，思维是行动的老师，思维有多远，你就能走多远，思维的高度有时决定了你到达目标的高度。

变通思维，你就能改变一切

思维的力量是无限的，有时候，当你换个角度思考问题，你就能获得全新的答案。

在哈佛大学的毕业生中，有个著名的教育家，他的名字叫查理斯·艾略特。在哈佛，他的名字无人不知。在他毕业后的第16年，也就是1869年，他开始任职哈佛大学的校长。他曾经历过这样一件事：

在他任职哈佛大学校长的第二年，他找到当时著名的史学家亨利·亚当斯，想聘请他出任中世纪历史的教授。起初，艾略特不管怎样苦苦劝说，亨利·亚当斯都没有任何表示，后来，亨利·亚当斯谦虚地说："校长先生，我真的一点儿都不懂中世纪的历史。”听到他的回答，艾略特校长则客气地说：“如果你能够为我举荐出一位学者比你懂得更多，那我就聘请他。”结果亚当斯只好接受了聘请。

艾略特以自己灵活机智的思维，展现了哈佛校长的个人魅力，同时也告诉哈佛学子，将思维转个弯，很多事情都迎刃而解。

我们发现，任何一个成功者，都具有一些共同的特质：他们积极主动，富有创造力。同样，任何一个青少年朋友，无论现在处于什么样的境况，他们也都渴望在未来社会能够获得成功，那么，你就需要重视思维的力量。一个人有没有创造性是由他的思维方式所决定的，创造性思维是创造力的核心，是人类智慧的体现，不寻常的思维会引导不寻常的成功，你要想在未来社会竞争中脱颖而出、担当大任，就必须会灵活变通，必须学会创新。创造性思维通常包括逆向思维、发散思维、抽象思维，其实思维的实质是一致的，只是换了一个完全不同的角度和方向。

松下幸之助曾经说过：“今日的世界，并不是武力统治而是创新支配。”一个小小的改变，只要能跳出传统守旧的观念，将自己思想方式巧妙地变一变，往往就会产生意想不到的效果。

青少年朋友们，试想一下当提到铅笔的用途的时候，你能想到些什么呢？可能你会说“书写”，但实际上，这只是铅笔的通常用途，你至少可以得出这样多的答案：绘画、当发簪、做书签、当尺子画线，它削下的木屑可以做成装饰画，在遇到坏人时，削尖的铅笔还能作为自卫的武器……所以，千万不要以为铅笔只有一种用途——写字，这就考验了你的思维能力。

在哈佛，流传着这样一个故事：

在美国乡村，有个老头和他的儿子相依为命。

一天，一个人找到老头说要带他的儿子去城里工作，老人愤怒地拒绝了这个人的要求。这个人又说：“如果你答应我带他走，我就能让洛克菲勒的女儿成为你的儿媳，你看怎么样？”老头想了又想，终于被让儿子能当“洛克菲勒的女婿”这件事情说动了。

这个人精心打扮后，找到了美国首富、石油大王洛克菲勒，对他说："尊敬的洛克菲勒先生，我想给你的女儿找个对象。"洛克菲勒说："快滚出去吧！"这个人又说："如果我给你女儿找的对象是世界银行的副总裁呢？"于是洛克菲勒就同意了。最后，这个人找到了世界银行总裁，对他说："尊敬的总裁先生，你应该马上任命一个副总裁！"总裁先生摇着头说："不可能，这里这么多副总裁，我为什么还要任命一个副总裁呢，而且必须马上？"这个人说："如果你任命的这个副总裁是洛克菲勒的女婿呢？"总裁立刻答应了。

在这个人的努力下，那个乡下小子不但娶了洛克菲勒的女儿，还成为了世界银行的副总裁。

这个故事看似不可思议，却有着一个真实的结果。在漫漫人生长路上，许多人利用思维的变化找到了成功的机会，相比之下，那些不善于变通的人，纵有一身过硬的本领，也会因为不懂得因时因地变通，而无法捕捉和把握稍纵即逝的机会，从而无法成功。甚至有的时候，机会向他迎面走来，他也会视而不见，让成功与自己擦肩而过。

青少年朋友们，可能你也有这样的经历：我们习惯于从茎窝凹处切分苹果，若不改变切法，不管切多久，都不会有新奇的发现；若横切一刀，你就会发现：苹果核竟显示出清晰的五角星状。同样，你也应该学会转换思维，如果一味地走别人走过的老路、毫无创新的话，那么，你也只能复制出别人的未来；而如果你寻找到属于自己的路，那么，你的未来就是美好的。事实上，无论做什么，都是这个道理，都要有灵光的头脑，善于创造性思维，不能钻牛角尖。这条路走不通，不妨另走一条，多一条路多一道风景。

有这样一个案例：

电影界突然一窝蜂地拍摄有动物参加演出的影片。虽然大家几乎是同时开拍，但是其中有一家，不但推出得早，而且动物的表演也远较其他影片精彩，这是为什么呢？

原来，这位导演在同一时间找了许多只外形一样的动物演员，并各训练一两种表演。于是当别人唯一的动物演员费尽力气也只能演几个动作时，他的动物演员却仿佛通灵的天才一般，变出许多高难度的把戏。而且因为他采取好几组同时拍的方式，剪接起来立刻就可以将电影推出。观众只见其中的小动物爬高下梯、开门关窗、卸花送报，却不知道全是人扮演的。

这个世界上没有任何事是一成不变的，世界上也没有死胡同，关键就看你如何去寻找出路。而改变事物的现状就是运用思维的力量，思路一变方法来，想不到就没办法，想到了又非常简单，人的思维就是这样奇妙。有一句话说得好："横切苹果，你就能够看到美丽的星星。"

哈佛启示

思维一变天地宽。勤思考，善于逆向、转向和多向思维的人，总能找出解决问题的方法，总能以最少的力气，做出最满意的效果。

开动脑筋，培养创造性思维和创造力

那些愿意开动脑筋的人，都拥有着他人没有的创造力，他们通常也都能走在人前。

在哈佛的学生中，一直流传着他们的学长史蒂夫·鲍尔默先生的财富故事：

史蒂夫·鲍尔默毕业于哈佛大学，他是全球领先的个人及商务软件开发商——微软公司的首席执行官。鲍尔默先生于1980年加盟微软，他是比尔·盖茨聘用的第一位商务经理。

鲍尔默从小就很聪明，在他读高中的时候，他的母亲带他参加了全国性的数学大赛，在这次大赛中，他拿到了一个前十名的好成绩，并且拿到了哈佛的奖学金，从此，他顺利实现了他父亲的梦想——考入哈佛。

在哈佛学习期间，鲍尔默拿到了双学士学位——数学和经济学学位。

鲍尔默曾经在一次新生开学典礼上说，“打开你的思路，放远你的视线。”他说，“因为永远有想不到的机会你没有想到，你没有看到，可是这个机会会给你带来一生惊喜的突变。”

这是哈佛学子鲍尔默对自己成功人生的精彩诠释。思路开阔、目光远见的人，常常能够想在人先，走在人前。

的确，当今社会已经是个信息时代，任何成功者，无不是抓住了成功的商机。青少年朋友们，你也应该记住鲍尔默的话，并学会在日常生活中多开动你的大脑，培养自己的创造性思维和创造力。

有个在马戏团做童工的小男孩，他的工作是负责向看马戏的客人推销小食品。但每次看马戏的人不多，买东西吃的人更少，尤其是饮料，很少有人问津。这下可怎么办呢？没人买东西，意味着他的收入惨淡，他也可能面临失业。

在不知道如何是好的时候，他突然想到一个点子：对于那些来买票的人，他都向他们赠送一包花生，但老板却认为这是个亏本的买卖，自然不同意。他就用自己微薄的工资作担保，恳求老板让他试试，并说，如果赔钱了就从自己的工资里扣，如果盈利了，自己也只拿一半。

于是，在马戏团外，小男孩就开始“叫卖”起来了：“来看马戏，买一张票送一包好吃的花生！”在他不停地叫喊声中，观众比往常多了几倍。

观众们进场后，就开始吃他免费送的花生，而吃花生，难免会口渴，自然就会买一杯饮料，就这样，一场马戏下来，他的收入比以往增加了十几倍。

故事中的小男孩，在面临自己的推销工作即将失去的情况下，他想到了另外一种推销方法：先免费赠送花生，使得观众先“占他的便宜”，进而由于口渴而不得不主动买他的汽水。这种方法无意间就推动了他的销售。如果他总是用一直使用的方法，被动地等待客人来买饮料的话，他的工作成果肯定得不到任何改观。

在哈佛毕业的学子当中，有很多成功者，但这也是哈佛毕业生中的一部分，这正如这世界上有很多勤奋者，但最终在事业上获得成就的人也是少数。而个中原因就在于并不是所有人都能做到运用超前的思维指导行动。但只要你

“打开你的思路，放远你的视线”，抬起头来审视前面的路，你就能脱离平凡，获得成功。

可以说，创造力也是思维的结果。这个世界上没有任何事是一成不变的，生命在不断向前，我们的生活也是如此。因此，我们的思维也需要做到与时俱进。有时候，可能你觉得你已经进入了死胡同，但事实上，这只是你没有找到出路而已，而改变事物的现状就是运用思维的力量，思路一变方法来，想不到就没办法，想到了又非常简单，人的思维就是这样奇妙。

人们经常说，方法总比问题多，事实上，人们都不愿意开动脑筋去寻找方法，因为这是一件伤脑筋的工作，于是，为了保险起见，人们更愿意使用前辈们已经传授的方法和经验，而这却容易使我们陷入思维的惯性中，即按固定的思路去想问题，而不愿意换个角度、换种方式去想，拘泥于某种模式。这样不仅不利于问题的更好解决，更是阻碍了我们的思维活力。

爱因斯坦说：“想象力比知识更为重要。”在创新的过程之中，最可怕的是想象力的贫乏。可以这样说，人的一切发明与创造都源于想象力。一个人一生的成就，全归功于他能建设性地、积极性地利用想象力。有与众不同的想法，才能有与众不同的收获。

当然，青少年朋友们，开发自己的思维能力是需要从日常生活中开始的，当你每天早晨一打开窗户的时候，就会感受到一股新鲜的空气。于是，你感觉自己的身心是多么的轻松。接下来要做的事情就是，投入到每天的学习或生活当中。好像这个世界上的事情永远做不完似的。而最重要的是，你可以每天让自己多出一点新奇的想法，给生活增添一点新奇的意味。如果你这样去做了，那么，你就等于在努力突破自我，虽然现在还没有奇迹发生，但至少你和原来的你是不同的了。

哈佛启示

生活中，只要我们能开发大脑，运用想象力，跳出思维的框框，就能发现思维的另一个高度，就会得出异乎寻常的答案。

培养创新意识，不断进取超越自我

无论做什么事，总是在别人用过的套路里打转转只会局限自己，因为当经验在大脑里越积越多，甚至形成一种思维定式的时候，就会形成思维僵化，做不到创新。

我们都知道，哈佛大学是世界一流的学府，很多青少年都希望自己能成为哈佛的一员。这是因为哈佛拥有着世界雄厚的师资队伍和最浓厚的学术氛围，诚然，哈佛希望每个学生都能掌握最先进的科学文化知识，但它并不提倡学生们都成为“书呆子”，事实上，对独立思想的鼓励和培养，才是哈佛大学的教育之本。哈佛大学要求每一个学生都拥有创新能力，而这正是哈佛大学能培养出众多的成功者的原因所在。

的确，人类社会发展到今天，是否拥有动手能力和创新精神已成为一种判定人才的标准，这更是一种时代精神。现代社会，我们都强调要创新，任何重大成果的发现，都离不开创新意识的发挥。

也就是说，任何一个青少年朋友，在学习科学文化知识时，还应该培养自己的独立思考能力和创新能力，只有这样，你才能做到不断进取。

从前，几乎所有人都认为只有硬件才能赚钱，哈佛学长比尔·盖茨是第一个看到软件前景的商人，而且“以软制硬”，把其软件系统应用到所有的行业或公司。微软开发的电脑软件的普遍使用，改变了世界，也改变了人类的工作和生活方式。人们把盖茨称为“对本世纪影响最大的商界领袖”，这一点也不过分。现在，传统经济已让位于创造性经济。美国统计表明，去年年底，只有31万员工的微软公司，市场资本总额高达6000亿美元。麦当劳公司的员工为微软的10倍，但它的市场资本总额仅为微软的1/10。尽管21世纪依然有汉堡包的市场，但其影响和威望，远不能同微软相比。

微软还是第一家提供股票选择权给所有员工作为报酬的公司。结果，创造了无数百万富翁甚至亿万富翁，也巩固了员工的忠诚度，减少了员工的流动。这一方法被别的企业竞相采用，取得了巨大的成功。

微软处处领先，靠的是什么，靠的是创新。要最大限度地发挥人的潜能，就不要受制于自缚手脚的想法。成功者相信梦想，也欣赏清新、简单但很有创意的好主意。

在哈佛的课堂上，教授们经常为学生讲述这样一个财富故事：

20世纪40年代，南美洲的很多方糖都是由美国进口的，美国的很多制糖公司一直有个苦恼的问题，那就是，运送过程中，都会因方糖在海运途中受潮而造成巨大损失。为了解决这一问题，这些公司曾经请了很多专家研究解决方法，但都没有效果。

后来，运送方糖的轮船上有个年轻的工人用最简单的方法解决了这一难题：在方糖包装盒的角落戳个通气孔，这样，方糖就不会在海上运输时受潮了。

这个方法为这些制糖公司减少了几千万美元的损失，而且这个方法的最大的好处是，不需要什么成本。

这个年轻的工人也是个有头脑的人，他马上为该方法申请了专利保护。后来，他把这个专利卖给各大小制糖公司，成了百万富翁。

后来，又有个日本人，他从这件事中得到启发，他发现，这一方法不仅可以用于制糖包装盒上，还可以放到其他很多方便，比如，若能在打火机的火芯盖上也钻个小孔，能够大量延长油的使用时间。而他，也凭着这个专利发了财。

从这个故事中，我们发现，很多时候，小小的创新能带来很大的财富。这也就是为什么成功者总是说财富是“想”出来的。人不但要养成思考的好习惯，还要始终坚守自己的独立思想，同时扩展思考的范围，开阔思路，扩展思维，这样才会更好地、更大限度地获取有益的信息，促成自己获得辉煌的成就。

为此，青少年朋友们，要培养自己的创新能力，你需要从以下几个方面努力：

1. 敢于否定，打破传统思维

曾有人这样诠释创新："你只要离开常走的大道，潜入森林，你就肯定会发现前所未有的东西。"创新的成功，总是孕育着创新者的强烈创新意识。要想摆脱传统观念和习惯思维的局限，就要鼓励自我打破思维禁锢，突破常规的路线，激活创新的意识。

2. 善于变通，敢于尝试

变通思维是创造性思维的一种形式，是创造力在行为上的一种表现。思维具有变通性的人，遇事能够举一反三，闻一知十，做到触类旁通，因而能产生种种超常的构思，提出与众不同的新观念。科学领域中的任何建树，都需要以思维的变通为前提。一般来说，变通思维会起到一种"柳暗花明"的奇妙作用。

3. 不要把眼光局限于成绩上

当前一些青少年因为长时间受到父母短视、片面地教育"我们什么都不要你做，你把书读好就行了"而导致了人格与思维上的发展受到局限。

为此，你应该告诉自己要成为一个有远见和理想的人，多关注社会、国家，你的思维也就能慢慢变得开阔起来。

4. 多参加生活实践

思维和现实之间的差距就在于实践，再美好的思维理想，如若不付诸行动，也如痴人说梦。这一点，应该落实到生活的细节上。只有体会到实施的难度，才能检验思维的成熟度。

哈佛启示

知识社会的秘密就在于创造力。创造力在一个人的成长成功中都起着非常重要的作用。因此，任何一个青少年朋友，你都要在日常生活和学习中多注重培养自己的创新意识和创造能力，最终让自己历练成为一个创造型人才。

独立思考，永远都做有想法的人

不管在任何关键的时刻，正确的想法都是解决问题的唯一途径。

在哈佛，曾经有个中国留学生，她的名字叫汤玫捷。2005年，她被哈佛录取，并且，她还拿到了每年4.5万美元的全额奖学金。据说，这种提前录取的情况，中国只有一个，亚洲也只有两个。它意味着，哈佛这所全球顶尖名校，视她为最符合哈佛精神、最需要提前抢到手的优异学生。

的确，能进哈佛的人，一定是学习成绩最优秀、成绩最高的学生，但汤玫捷却不是，她曾经就读的学校的老师说："她并不是我们这里学习成绩最好的学生，她也从未参加过什么学习竞赛，甚至她连奥数班都没上过。"那么，哈佛大学录取汤玫捷的标准到底是什么呢?

其实，哈佛除了关注学生的成绩外，还很在意他们的学术背景，这就是为什么哈佛大学的入学申请表中，还必须有社会工作、兴趣爱好、老师推荐信，外加两篇小论文。汤玫捷之所以被哈佛录取，是因为她出色的学术背景：她担任过学校的学生会主席，辩论队队员，还曾作为交换生到美国著名私校西德威尔中学学习过一年。甚至在那里，也被好表现的美国学生称赞为"学生领袖型的人才"。

的确，哈佛需要的不是应试机器，而是有出色的学术精神和领导能力的学生。它培养的也是有思想、有想法的人。哈佛人懂得，不管在任何关键的时候，正确的想法都是解决问题的唯一途径。

事实上，社会生活中也是如此，那些有思想的人到处都受欢迎，他们有着更巨大的发展潜力。

青少年朋友们，如果你希望自己在未来有所建树，那么，从现在起，你也要学会独立思考，做个有想法的人。想法虽然看不见、摸不到，但它却真实地存在着。有什么样的想法，就会有什么样的命运。

曾经在北京的某机关大院里，有个小姑娘叫刘明明，才五岁的她就是这个大院里的孩子王了，小小年纪就到处“惹祸”，她常常被幼儿园阿姨追到家里找父亲告状。带着一群小朋友爬树偷摘园里刚刚成熟的苹果，替受了外班同学欺负的小伙伴去打抱不平，反正每样闯祸的事情都和她脱不了干系。

但在将近半个世纪之后，这个调皮的小姑娘却成为了福伊特造纸技术（VOITH PAPER）中国区总裁兼首席代表，她曾经这样回忆童年：“我从小胆子就大，而且敢作敢当，性格特别像男孩子。”

事实上，现在的刘明明也是个“大胆”的女总裁：和上司意见不同时敢于坚持，力排众议说服犹豫不决的集团总部给中国市场重新定位，为了上亿美元的大项目敢和顶头上司针锋相对，甚至最初获得“首席代表”的身份也颇有些传奇色彩：“他们最早想让我做副手，我说，我自己去和董事会谈。”

从一个捣蛋鬼、小女子到一位身价不菲的女总裁，正是她身上那敢于说NO的勇气，让她跻身于成功者的行列。

青少年朋友们，你们呢？你具备创造力吗？你是否曾经是那个经常被欺负的小孩？如果你还揣着成功梦，那你就必须要有自己的想法。

人们常说“没有人能随随便便成功”，这句话是说，成功需要很多因素。而我们又发现，任何一个成功的人，他之所以成功并不是都来自于他本人自身的勤奋，而是他那种善于发现某种人生意义的思想。任何一个有过失败的人，也并不是都因为他没有能力，而是因为他的思路没有上正轨。所以，任何成功起初都是有一个好的思路。

一架飞机撞山失事了！成群的记者冲向深山，大家都希望能抢先报道失事现场的新闻，其中有一位广播电台的记者拔得头筹，在电视报纸都没有任何资料的情况下，他却做了连续十几分钟的独家现场报道。为什么这位记者能抢个头条呢？因为他未到现场之前，先请司机占据了附近唯一的电话，挂到公司，假装有事通话的样子，所以当他做好现场报道的录音，跑到电话旁边，虽然已经有好几位记者等着，他却只是将录音机交给司机，就立刻通过电话对全国听众做了报道。

由此，我们不难看出，思路对我们的工作和生活有多么重要。在现实生活中，那些善于思考，有自己想法的人总是能在困境中寻找到解决问题的方法，在成功无望的时候创造出奇迹。洛克菲勒说过："遇到困难和问题，我们应该学会改变思路。思路一转变，原来那些难以解决的困难和问题，就会迎刃而解。"

有两则故事：

一则讲的是美国为宇航员研制太空舱专用笔的故事：众所周知，在外太空低温失重的状态下，宇航员在太空舱里用墨水笔写不出字。美国太空总署为了解决这个问题，专门拨出一大笔科研经费，组织了一批科研人员攻关，花了很大代价，终于研制出了一种在低温无重力下能写出字的"太空笔"，取得了不起的成就。而前苏联的宇航员则换一种思路，改用铅笔，轻松地解决了在太空舱书写的问题。

无独有偶，日本有家著名的化妆品公司，由于包装流水线出了一点问题，致使有的香皂盒子里面没有装入香皂，引起了客户的投诉。该公司对此非常重视，投入了大量的人力、物力和时间，研发出了一台X光监视器，专门用于透视生产线上每个包装好的香皂盒。而另一家小公司也因类似问题接到客户的投诉，他们的解决方法简便的多，买来一台大功率工业用电风扇，安放在产品输送带的末端，强大的风力便将那些没放香皂的空盒吹走了。

这两则故事给青少年朋友们的启示是多方面的。有时候，灵光一现似的转换一种思路给我们带来的创新效益更让人耳目一新，就像前苏联宇航员和日本小公司，将小学生用的铅笔和工业用的电风扇派上了大用场。这样的创新思路，为我们打开了创新路上的另一道门。在环境不变的情况下，转变思路，换种方式也许更容易走向成功。

哈佛启示

人不能改变环境，但却可以改变自己。只要你换一种思路去对待人生，那么你的世界将无限畅达。

第12章 及时抓住机遇，让青春的心不留下遗憾

哈佛学子比尔·盖茨曾说过：“卖汉堡包并不会有损于你的尊严。你的祖父母对卖汉堡包有着不同的理解，他们称之为‘机遇’。”也有人曾经总结：“成功的人生，一言以蔽之：蓄势待发。”这句话应该成为每个青少年朋友的人生格言。因为成功的秘密在于，当机遇来临的时候，你已经做好了把握住它的准备。对于现在的你来说，应该加倍努力学习，时刻准备着，这样，你才更易受到机遇的垂青。

机遇和陷阱总是同时存在

任何人都不要指望着坐享暴利，因为风险和机遇总是成正比。

生活中，每个人都渴望得到机遇，有些人甚至把自己的成功与否完全下注于机遇。而事实上，机遇与诱惑、风险往往是并存的。这就是为什么人们常说：“富贵险中求”！比如，在投资市场，一些人虽然获得了成功，但也是冒着很大的风险。

纵观那些辉煌成功案例的背后，我们可以发现他们都有共同的特质，那就是富于激情、敢于冒险，在与风险的搏击中获得了成功。有人说，没有冒险就没有成功者，这句话虽然说得有些绝对，但冒险在某种程度上意味着成功的开

始。但这并不意味着，追求成功，只需要激情而不需要理智。一个真正成功的人，必当是二者兼备的。

哈佛的一位教授曾经说，辨别机遇与陷阱，是人一生都在学习的一个课程。机遇可能只敲一次门，诱惑总是按着门铃不放。

哲人说："坐享暴利的事是不存在的，风险和机遇总是成正比。最重要的不是决定做什么，而是决定不做什么，以过于饥渴的心态去抓机遇，抓住的有可能只是一场诱惑。"

每一个青少年朋友，都应该以这句话为警示箴言。正处于"初生牛犊不怕虎"的年纪的你，凡事积极进取，做事容易欠缺考虑，很容易走弯路，而实际上，只有用理性指导激情，才会让成功来得更容易！

曾在哈佛的校园里听到这样一个故事：

出生在一个贫民窟的狄奥力·菲勒是世界著名企业家，他的成功经历不仅是坎坷的，也是传奇的。

小时候，他就已经学会利用动手能力来积累财富，并具备了一定的头脑和发掘商机的意识。有一次，他把一辆从街上捡来的玩具汽车修好，让同学玩。然后向每人收0.5美元。一个星期，他赚回的钱足够买一辆新的玩具车。这件事对他感触很深。

成年后的菲勒依然敢想敢做。一次，一艘日本轮船在航行中遇到风暴，船上一吨丝绸被染料浸过，上等的丝绸变成没人要的废品，货主无奈，要把这堆布扔进大海。菲勒得到这个信息后，马上找到货主，表示愿意免费把这批废品处理掉，货主非常感激。得到这些布，他就把它做成了迷彩服装。这笔生意让他赚到十余万美元。

后来，菲勒曾用10万美元买了一块地皮。一年后，新修建的环城路在那块地附近经过。一位开发商用2500万美元从他手中买走了那块地。

菲勒的思维是与众不同的，他有一双发现财富的慧眼，能够"在别人司空见惯的东西上发掘商机"，这是菲勒最可贵的创业资本，也是他成功的秘诀。不过这里，我们更佩服的是他的勇气，那就是敢想并敢做。一个人，即使有再多的想法并信誓旦旦，如果不付诸实施，那也是徒劳。

然而，哈佛教授提醒我们，过于乐观地看待机遇，缺乏理智的思考，机遇就会变成诱惑的嘴脸。

哈佛人的特质是：在开始做事之前，他们不会鲁莽行事，为了冒险而冒险，当决定做某件事情前，他们一定会挖掘足够的信息，然后才能够准确预测出“有所作为的风险”和“无所作为的风险”，这样的冒险才是最智慧的选择，才能使自己立于不败之地!

克劳塞维茨说：“只有通过智力的这样一种活动，即认识到冒险的必要而决心去冒险，才能产生果断。”犹太人被世界公认是非常精明并且敢于冒险的一族，正是兼备了这两种的品质，他们才能解决遇到的危机。

我们熟悉的财富故事中，这样的样例子有很多，读起来也让人颇受启发。李嘉诚是香港大富豪，是一位很大的成功者。

20世纪50年代，欧美兴起塑料花热，他迅速投资生产塑料花；60年代后期，香港经济起飞，地价开始跃升，他迅速投资购买大量土地；70年代后期，香港股市热得烫手，他迅速投资股市炒作，毫不手软。他就是李嘉诚。

了解李嘉诚的人都知道，在这一次次的投资中，每一次都伴随着不小的风险，但李嘉诚却最终获得了成功。这其中的原因之一就是因为李嘉诚能及时把握政策，看清时势，果断投资。洛克说过：一个理性的动物，就应该有充分的果断和勇气，凡是自己应做的事，不该因里面有危险就退缩。

青少年朋友们，在赞叹李嘉诚的成功之时，你也应该有所启发。如果我们细细揣摩一下这些成功者的经历，它们看上去都很冒险，似乎有些不可思议，但其实这些都是表面现象。就拿投资而言，其实在这些成功案例的背后，有着他们所发现投资标的潜在的巨大价值，而正是潜在的巨大价值使得他们敢于在看似危险的时候果断进入。

哲人说，机遇可能只敲一次门，诱惑总是按着门铃不放。在面对成功的期盼和机遇的诱惑时，头脑中的知识和阅历可以使我们将机遇与一些投机活动区分开，头脑中的理智会让你对于危险的诱惑敬而远之。

哈佛启示

有专家认为，现代社会充满竞争，而要想在竞争中脱颖而出，风险意识是必须具备的一种现代意识。只有敢于冒风险，乐于冒风险，才能开拓崭新的事业，创造出一番新天地，获取巨大的财富。

把握机遇，改变命运

成功的人之所以能每每抓住成功的机遇，完全是由于他们处处都很留心，他们具有一双捕捉机遇的慧眼，当机遇来临的时候，他们能迅速作出反应，从而把机遇牢牢地抓在自己的手中。

在哈佛，每个新生入学时都会接受理想教育。正因为如此，他们在毕业前，就已经对拥有一番事业有了强烈的渴望。他们深知，机遇对一个人的成功起着重要的作用。它就像一个装有弹簧的踏板，踩到它，你就会被弹得很高，就能成功；但如果你在弹跳的过程中抓不住一个吊环，找不到一个着陆点，那你在片刻的激动之后，不可避免地会摔得很惨。

机遇在人的一生中扮演着重要的角色。机遇无处不在。抱怨没有机会的人，实际上是不善于识别机会和发现机遇，他们总是在仰望远处的高山，却忽视了脚下的矿石。而目光敏锐，头脑灵活的人，总能在机会还若隐若现时，就做出自己的判断，大胆地抓住它。

建筑界亿万富翁吕双辉22岁时来到深圳闯荡，在5 年的时间里，他只解决了自己的温饱问题，没有积攒下什么钱。1984年他来到新疆，在一个建筑工程队当木工。他手艺好，干活勤快，又肯动脑子，深得老板器重；工友们认为他的存在对他们的饭碗构成了威胁，他们总是想方设法地刁难他，最后竟然将吕双辉的住所洗劫一空。

一无所有的吕双辉又回到深圳。由于他为人忠厚，一个客户把70平方米的私人建筑承包给他。可吕双辉一没有设备，二没有人员，三没有资金。怎么办？他以自己的信誉做担保，以100元一条的高价从一家小店赊出“555”牌香烟，又以60元一条的低价卖给另一个小卖部，得到现金。有了钱，他就能购买原材料，租用设备，招聘工人。他说：“其实，当时我一分钱也没有赚到，还赔进自己的工资；不过，我就是靠这个起家的。”然后，他又用“高进低出”的方法倒卖大米，得到了更多的流动资金。工程完成后，客户认为吕双辉讲究信誉，工程质量好。于是又为吕双辉介绍了两项工程。到1986年，吕双辉创立了自己的建筑队。

可能很多青少年朋友会产生疑问：绞尽脑汁地寻找资金，辛辛苦苦地干活，工程质量很好，却“一分钱也没赚到”，吕双辉究竟为了什么？很简单，这是一种创造机遇的方法，也就是为了给自己做广告！虽然没有赚到钱，却赢得了客户的信任，构建了自己的信誉，为自己的发展铺平了道路。信誉比赚钱更重要。为此，你要明白，机遇往往就隐藏在细微处。注重这些细微的地方，避免一些小节上的毛病，就能够抓住机遇，与成功握手。如果对一些小事小节不以为然，可能会将近在咫尺的机遇赶跑，人生和事业也会从此走进困境。

人们常说机遇难求，因此不懈努力、千方百计地去寻找机遇、创造机遇，希望借助良好的机遇为自己铺路架桥，以便顺利而迅速地实现自己的人生目标。然而，大多数人都犯有这样一个错误：只关注那些表面的、醒目的、未来的东西，对自己身边的一些潜在的、隐蔽的、细微的东西却置若罔闻，无动于衷。机遇就在眼前，却视而不见；成功近在咫尺，却如隔天涯。

因此，不要总是抱怨没有好的机会降临在你身上，不要总想着会有兔子撞到你面前。成功的机会无处不在，关键在于你是否能紧紧地抓住。聪明的人能从一件小事中得到大启示，有所感悟，化成成功的机会。而愚笨的人即使机会放在他面前也不知。

有一家大公司的老板看好了一位刚从名校毕业的年轻人，此人业务方面的知识掌握得很熟练，能力特别出众。老板感觉他很有前途，是个可塑之才，准备派他去欧洲培训两年，回来后再委以重任。

但就在这名员工即将启程去欧洲的前几天，老板偶然发现他利用公司的电脑上网聊天，收发私人邮件，而且还下载一些与工作不相关的内容。老板一连好几天都留意该员工的举动，还发现该员工爱占公司小便宜，有投机取巧的行为，于是很快做出决定，改变了送他去海外培训的计划。

这名年轻人自身条件很优越，能力也很出众，本应拥有一个大好的前程。可惜由于他行为上的“出轨”，使老板对他的看法来了一个180度的大转弯，他的形象在老板眼中一落千丈，大好前程从此与他无缘。因为在老板眼里，一个连公司准则都无法自觉遵守，甚至没有公德心的人，又怎么可能成为一名出色的员工，怎么能对一个企业高度负责呢?

的确，人生漫漫，机遇常有，但决定我们命运的不是我们的机遇，而是我们对机遇的看法。机遇悄然而降，稍纵即逝。因此，你若稍不留心，它就将翩然而去，不管你怎样地扼腕叹息，它却从此杳无音讯，一去不复返。因此，有些人认为，一些人之所以不能成功，并不是因为没有机遇，并不是幸运之神从不照顾他们，而是因为他们太大意了，他们的大意使他们的眼睛混浊而呆板，致使机遇一次次地从他们眼前溜走却浑然不觉。

对于这些人来说，他们要想取得成功，要想捕捉到成功的机遇就必须擦亮自己的双眼，使自己的双眼不要蒙上任何的灰尘。这样，他们才能够在机遇到来的时候伸出自己的双手，从而捕捉到成功的机遇。而那些之所以能够取得成功的人并不是幸运之神偏爱他们，幸运之神对谁都一视同仁，幸运之神不会偏爱任何一个人。

同样，每个青少年朋友，在未来社会，你在行为上的一言一行，工作上的一举一动，都会事关大局——隐含着问题，也潜藏着机遇。

哈佛启示

成功的秘密在于，当机遇来临的时候，你已经做好了把握住它的准备。时刻准备着，当机会来临时你就成功了。

与时俱进，才能抓住机遇

在瞬息万变的当今社会，真正的危险不是知识和经验的不足，而是故步自封，跟不上时代的步伐。

生活中，我们常听他人说“与时俱进”这个词，也就是说，我们在做人做事时，要懂得变通，毕竟我们所生活的时代每天都在变幻，守旧的思维模式只能让我们被时代抛弃。事实上，自古以来，人类的进步就是因为能做到与时俱进，能做到思维的创新。可以说，人类如果故步自封，就只会停滞不前。同样，作为单个人，能不能做到思维上的与时俱进，直接关系到一个人的事业成败，因为只有创新才能激活自己全身的能量。

在哈佛的课堂上，曾有一位教授这样教导学生：“变化每天都在产生，我们绝不要害怕变化。”哈佛告诉学生，世界总是在变化中前进的，如果没有变化，猿不会演化成人，人类也不会一直向前发展。

因此，任何一个青少年朋友都应该明白，在瞬息万变的当今社会，真正的危险不是知识和经验的不足，而是故步自封，跟不上时代的步伐。

一个人要想成功，勇气、努力都必不可少，但更重要的是，人生路上要懂得与时俱进，要懂得不断收集各种资讯，使自己对环境和追求的事业的方向有更充分的了解。因为一个人只有了解得越多，才越有应变的能力。

的确，生活中，只要我们能开发大脑，运用想象力，跳出思维的框框，就能发现思维的另一个高度，就会得出异乎寻常的答案。

“牛仔大王”李维斯年轻的时候，带着梦想前往西部追赶淘金热潮。一日，突然间他发现有一条大河挡住了他往西去的路。苦等数日，被阻隔的行人越来越多，到处是怨声一片。而心情慢慢平静下来的李维斯突然有了一个绝妙的创业主意——摆渡。由于大家急着过河，所以没有人吝啬坐他的船，迅速地，他人生的第一笔财富居然因大河挡道而获得。

渐渐地，摆渡生意开始清淡。李维斯决定继续前往西部淘金。来西部淘黄金的人很多，但卖水的人却没有，所以，水在这个地方成了最珍贵的东西。不久他卖水的生意便红红火火。后来，同行已越来越多。终于有一天，在他旁边卖水的一个壮汉对他发出通牒：“小伙子，以后你别来卖水了，从明天早上开始，这儿卖水的地盘归我了。”他以为那人是在开玩笑，第二天仍然来了，没想到那家伙立即走上来，不由分说，便对他一顿暴打，最后还将他的水车也一起拆烂。李维斯不得不再次无奈地接受现实。然而当这家伙扬长而去时，他却立即又有了一个绝妙的好主意——把那些废弃的帐篷收集起来，洗干净后，缝制成衣服，那么一定有人愿意买。就这样，他缝成了世界上第一条牛仔裤。从此，他一发不可收拾，最终成为举世闻名的“牛仔大王”。

聪明的人总是能做到不断变通，能根据当下情况的变化做出明智的决定。他们能不断找到成功的机遇，即使在困境中亦是如此，他们从不会因眼前的现状而停止思考，李维斯的成功就说明了不断思考的力量。

现实生活中，人们都知道机遇的重要性，但并不是所有人都能把握住机遇。事实上，在机遇面前，很多人只会一味地模仿别人，以为众人走过的路，用过的方法，是最保险的。但殊不知，在众人都踩过的路上，很难有令人惊喜的果实再被发现。

对于真正的强者来说，在变化面前，他们丝毫不畏惧，相反，他们能适应变化，并能把变化当做机会，让变化帮助自己成功。通用汽车公司总裁杰克·韦尔奇说，他一生追求的只有三个字：变！变！变！有原则有方向地变，在变化中获得发展。在这个变革的年代，最怕的就是你把自己局限于某个既定的框架里而不思改变。

我们先来看看通用公司在管理创新上的经验。

杰克·韦尔奇提出的“无边界行为”，打破GE13大业务集团的界限，像“小公司”一样灵活，已经成为通用非常重要的管理价值观。通用所有部门的所有员工都已接受了这种工作方式，相互之间有非常好的沟通环境和团队合作的氛围。“无边界行为”不但不会和有序的组织管理发生冲突，反而它为通用创造了一种自由、轻松、平等的沟通环境。

通用电气公司首席执行官杰夫·伊梅尔特说：“寻找可持续性更高的经营方式，这种社会发展趋势显而易见，如果能乘此东风，我们就会为将来的发展占得先机。”通用电气公司开展了一次绿色审核，找出他们已有的在业内一流的绿色产品，并开始对雇员突出强调这些现成的绿色产品的领域。LED3照明系统（可以发出很亮的光，但所耗电力仅为其他系统耗电量的10%）就是这样的领域。然后，通用电气公司就说：“我们就是那种能在日益注重可持续性的新业务环境中获得成功的人。”

通用的变革成功了！这一成功得益于无边界行为的提出，杰夫·伊梅尔特说：“他要把他的思想、公司的战略告诉通用全球的员工，员工的想法也与他沟通，建立相互理解、为了共同目标携手努力的氛围。当企业面临变革或危机时，最重要的事情就是与员工进行沟通。”

青少年朋友们，你要记住，身处于现实社会，当一些事物已经改变的时候，切记不要再按照原来的规则做事，否则一定会因为规则的变化而使自己的财富白白流失，甚至丧失获得更多财富的机会，丧失机会成本。

哈佛启示

人是善于思考的动物，处于竞争激烈、变化多端的社会中，当我们一旦发现自己的定位与现实不合拍的时候，调整步调才是最明智的选择。

机遇来临时，一定要勇于争取

在通往成功的道路上，处处都有可能被错过的良机，只有善于把握机会，哪怕是万分之一的机会，你的人生理想都有可能尽快实现。

任何人的一生，都要面临许多抉择，人生最困难的事也是做出抉择。在哈佛大学，每个学生对自己未来的人生规划也都格外慎重。为此，哈佛告诉学生，在人生的旅途中，任何机会都可能给你带来意想不到的成功，因此，不要放弃任何一个哪怕只有万分之一的机会。

的确，现实中，很多人都能发现机遇，但却不是每个人都能借助机遇的风帆取得一番成就。其中的原因就在于发现机遇的某个人是否有争取机遇、抓住机遇和利用机遇的头脑。

托·富勒曾说，“一个明智的人总是抓住机遇，把它变成美好的未来。”青少年朋友们，可能你也发现，很多企业界的成功人士，他们身上都有一个共同的规律：他们的成功都来自于一个特殊的机缘，但这机缘的出现，似乎又是注定的，因为他们总是用行动说话！作为华人首富，李嘉诚的名字可谓家喻户晓。他之所以能成为首富，也并非没有规律可循：从打工的时候起，他就是一个懂得为自己争取机遇的人。

李嘉诚的父亲是位老师，他非常希望李嘉诚能够考个好大学。然而，父亲的突然去世，使得这个梦想破灭了：家庭的重担全部落到了只有十多岁的李嘉诚身上，他不得不靠打工来维持整个家庭的生计。他先是在茶楼做跑堂的伙计，后来应聘到一家企业当推销员。干推销员首先要能跑路，这一点难不倒他，以前在茶楼整天跑前跑后，早就练就了他一副好脚板，可最重要的，还是怎样千方百计把产品推销出去。

有一次，李嘉诚去推销一种塑料洒水器，连走了好几家都无人问津。一上午过去了，一点收获都没有，如果下午还是毫无进展，回去将无法向老板交代。尽管推销得不顺利，他还是不停地给自己打气，精神抖擞地走进了另一栋办公楼。

他看到楼道上的灰尘很多，突然灵机一动，没有直接去推销产品，而是去洗手间，往洒水器里装了一些水，将水洒在楼道里。十分神奇，经他这样一洒，原来很脏的楼道，一下变得干净起来。这一来，立即引起了主管办公楼的有关人士的兴趣，一下午，他就卖掉了十多台洒水器。

李嘉诚这次推销为什么成功了呢？很简单，因为他明白客户的一个心理——别人说得再好，不如我看到的，不如我亲身体验的。所以在推销中，他经常都会主动、积极地为客户示范。在李嘉诚早年的推销工作中，他都很重视方法的运用，正因为善于思考、注重分析，李嘉诚的成交量总是比其他推销员多。纵观李嘉诚的奋斗历史，其实就是一个不断用方法来改变命运的历史。他能想到的，也就做到了，不断去实践就是为什么他能成功的原因。

人们常说，是金子总会发光，其实不然。不是每一位有才华的人就一定会飞黄腾达，当机遇不来的时候，怨天尤人也无济于事。当机遇来临的时候，犹豫不决、畏缩不前则是你自甘平庸的症结。

“机遇是留给那些有准备的人”，但同时，机遇也是需要我们主动创造的。那些甘于沉沦和平庸的人最终会沉沦和平庸下去，而那些主动执行、善于创造机会的人，则从最平淡无奇的生活中找到一丝微弱的机会，他们用自身的行动改变了他们的处境。

因此，青少年朋友们，现在的你需要明白，未来社会，如果你想要干一番大事，你就要善于把握机会，绝不放弃。

生活中，一些人总是抱怨命运不公，得不到机遇的垂青，而实际上，你们这是在坐等机遇，而不是创造机遇，守株待兔通常会让机遇从身边溜走，梦想也就会随之成为泡影。

艾森豪威尔在各场战斗中都表现突出，因此，很受克拉克将军的赏识。

这一年，马歇尔打算在手下部将中挑选出一个人作为作战处副处长。

他向陆军总司令部副主任克拉克询问意见，克拉克坚决地告诉他："我推荐的名单上只有一个人的名字。如果一定要十个人，我只有在此人的名字下面写上九个'同上'。"这个人就是艾森豪威尔，他因才能出众而倍受克拉克器重。

马歇尔采纳了克拉克将军的意见，这成为艾森豪威尔一生中的转机。

人的一生机遇至关重要。但如果不努力，不提高自身素质，则机会很难降临。从艾森豪威尔的身上，可以得到这样的启示：机遇总是垂青于勤奋刻苦而博学多才的人。

人的一生机遇至关重要。但如果不努力，不提高自身素质，则机会很难降临。从艾森豪威尔的身上，可以得到这样的启示：机遇总是垂青于勤奋刻苦而博学多才的人。

青少年朋友们，你要知道，当命运之神把我们推到这个社会，当我们胸怀壮志努力奋进，当我们列好计划即将一展宏图时，那就让我们立刻行动！只有实践才能让你赢得更多的机遇，才能时刻整装待发，冲刺成功！

哈佛启示

天上不会掉馅饼，你需要记住，为机遇努力、积累实力并不是一句空话，更需要你们付诸实践。

持续是一种力量

生活处处充满机遇，一个人要想成功，除了要靠运气外，更多的还是需要我们在自己已经选择的道路上坚持下去，因为持续是一种力量。

我们都知道，机遇是与风险并存的。在机遇面前，只有少数人能抓住，这是因为很多人在看到机遇背后的风险便选择了放弃。现实案例告诉我们，百分之九十的失败者其实不是被打败，而是自己放弃了成功的希望。对于智者来说，不论面对怎样的困境、多大的打击，他都不会放弃最后的努力。因为成功与不成功之间的距离，并不是一道巨大的鸿沟，它们之间的差别只在于是否能够坚持下去。

古人云："有志者，事竟成，百二秦关终属楚；苦心人，天不负，三千越甲可吞吴。"这句话的意思是说，只要我们坚持到底，无论梦想多大，都有实现的可能。我们常常发现有许多人在做事最初都能保持旺盛的斗志，然而，往往到最后那一刻，顽强者能咬紧牙关坚持到胜利；而懈怠者则放弃了希望，失去了自己应有的成功。

为此，哈佛告诉学生，任何一种策略，只有坚持才会有价值。也只有坚持到底的人，才能经受机遇的层层筛选，并最终获得它的垂青。

哈佛大学的教授曾经说过："坚持是机遇的种子，年轻人在求学和创业的道路上，在经过各种权衡比较之后，你要充分调动起自身的能量，在一段时间内只集中力量吃掉一件事。"其实，这个道理很简单，以挖井为例，当找到了水脉之后，就要奋力往深处挖，而如果挖几锹见不到水就换一个地方挖，那么，最终，你获得的不过是一个个的土坑而已。而在发掘中所消耗的时间精力，已经永远找不回来了。

要问成功有什么秘诀，丘吉尔在一次演讲时回答得很好："我的成功秘诀有三个：第一是，决不放弃；第二是，决不，决不放弃；第三是，决不，决不，决不放弃。"

被拒绝了1000次之后，还敢去敲1001次门的席维斯·史泰龙就是靠毅力走向成功的。他在未成名之时，身上只有100美元和一部根据自己悲惨童年生活写成的剧本《洛奇》。于是，他怀揣着梦想，挨家挨户拜访好莱坞所有的电影公司，但遗憾的是，没有一家公司愿意录用他。

当时好莱坞有五百家电影制片公司，史泰龙就被拒绝了五百次。面对五百次的拒绝，他依然没有灰心，他坚信，胜利就在下一秒。

于是，他开始了第二轮的拜访，从第一家公司开始，但结果依旧如此。再一轮的打击依然没有打倒史泰龙。他没有放弃希望，他把1000次的拒绝，当做是绝佳的经验。接着他又鼓励自己从1001次开始。后来又经过多次上门求职，总共经历了1855次严酷的拒绝，终于有一家电影制片公司同意采用他的剧本，并聘请他担任自己剧本中的男主角。

史泰龙的成功，更加证实了坚持的道理。在机遇面前。行动固然重要，但坚持更为重要。在追梦的过程中，青少年朋友们，你永远都不要放弃心中的希望，如果遇到困难，把困难当成人生的考验，不要在困难面前茫然退缩，更不要不知所措迷失自己，满怀希望地为着自己的梦想而努力，相信终有一天，你会走出低谷，走向光明。现实是美好的，但又是残酷的，关键在于面对困难，你是否具有韧性，能否坚持到底。

对于那些刚从校园里毕业的学生来说，哈佛教授告诉他们，年轻人做事切记要有长性，不懂得坚持，正是一些人之所以一生平庸的根源。

不得不承认的是，很多青少年朋友无论是在学习上还是在日常生活中，在开始的时候是一腔热血，然后是热情消退，最后完全放弃。这就是浮躁心理的表现，为此，你一定要克服这一心理，让自己的心沉静下来。

大哲学家苏格拉底有着非同常人的智慧，为此，很多人都来向他求教。

一天，学生问他："老师，我也想成为和您一样的大哲学家，但我怎么样才能做到呢？"

苏格拉底说："很简单，只要每天甩手300下就可以了。"

有的学生说："老师，这太简单了，别说是甩手300下了，就是30000下也可以啊！"苏格拉底笑了笑没有说话。

一个月过去了，苏格拉底问："那么，有多少同学每天坚持甩手300下啊？"很多学生都骄傲地举起了手，大概有90%的人。

又一个月过去了，苏格拉底又问："还有多少同学在坚持啊？"这回比上次少了10%的人。

时间一天天地过去了，一年以后，苏格拉底还重复同样的问题："还有同学在坚持每天甩手300下吗？"此时，大家都低下了头，因为他们都没有做到，这时，一个同学举起了手，他的名字叫柏拉图，他后来也成为了像苏格拉底一样的大哲学家。有人问他成功的秘诀是什么，柏拉图微笑着说："甩手，而且甩得足够久……"

这个哲理故事同样告诉生活中的每一个青少年朋友，无论做什么事，如果你想成功，你就一定要克服浮躁心理，从小事做起，没有人生下来就是伟大的人。每天坚持做同一件小事也很不容易，就像每天甩手300下，一个月大部分人能坚持，一年过去了却只有一个人能坚持，只有学习柏拉图这种坚持不懈的精神，这样才能成为像他和苏格拉底一样的人。

青少年朋友，生活在一个充满机遇的世界里，只要你加强知识的积累，拥有敢为天下先的创造意识和勇气，把握时机，那么你就会获得事业上的成功。每次陷入绝境就是一次挑战，只要坚持，总有一天你会成功！

哈佛启示

就如阳光总在风雨后一样，那些看清方向并一如既往坚持的人，他们总能看到困难中的机遇，同时克服机遇中的困难；他们总是在坚持理想，脚踏实地，持之以恒，最终获得更多更好地垫高自己的契机。

第13章 勇于尝试敢于承担，成功就在自己的脚下

哈佛法学院教授德里克·博克曾说过：“我早已致力于我决心保持的东西。我将沿着自己的路走下去，什么也无法阻止我对它的追求。”生活中，我们也经常听到这样一句话：“世界从来都给无畏的人让路。”任何困难在毫无畏惧的人面前都将失色，他们总是能乘风破浪，不给畏惧任何侵袭自己的机会。“勇敢”是一个青少年必不可少的品质。要取得成就有很多必要条件，其中的一条非常重要，那就是：勇气。青少年朋友们，你要记住，勇敢的人到处有路可走，并会越走越宽。

坚强地走完泥泞的路，你就是强者

人的成长和成熟都需要一个漫长的过程，一个人，只有走过了命运和上天给你的种种考验，才能成为真正的强者。

我们不得不承认，人与人先天就存在差异，这是不可回避的事实。然而，真正的强者不是拥有完美的人生，而是勇于接受各种磨炼，只有这样，他的翅膀才会更坚硬，才能飞得更高、更远。

哈佛告诉学生，不要埋怨生活的不幸，请记住，上帝没有给你一条更为平

坦的路，是因为他要让你更快成熟。

在哈佛的课堂上，学生们经常能听到史蒂芬·威廉姆·霍金的故事：

家喻户晓的史蒂芬·威廉姆·霍金1942年出生于英格兰。

在他还不到20岁的时候就患上了一种不治之症——肌肉萎缩症，而且，随着时间的推移，他的自主活动能力越来越弱，到最后，他只能借助轮椅活动，并且，医生告诉他，他的下半生都极有可能离不开轮椅了。面对这样的打击，霍金并没有自暴自弃，而是继续学习和科研，一直以乐观的精神和顽强的毅力攀登着科学的高峰。

后来，霍金毕业于牛津大学，毕业以后，他长期从事宇宙基本定律的研究工作。他在所从事的研究领域中，取得了令世人瞩目与震惊的成就。

曾经，在一个学术报告上，一个女记者居然问及了一个令在场所有人都感到吃惊的问题："霍金先生，疾病已将您永远固定在轮椅上，您不认为命运对您太不公平了吗？"

这个问题，显然是最触及霍金的神经的，也是不好回答的，当时，现场鸦雀无声，没人会知道霍金怎么回答。

霍金听完这个问题后，缓缓地将自己的头靠在椅背上，然后微笑着，用自己唯一能动的手敲打着键盘，这时，屏幕上显示出这样一段话："我的手指还能活动，我的大脑还能思维；我有我终生追求的理想，我有我爱和爱我的亲人和朋友。"

顿时，报告厅里响起了长时间热烈的掌声，那是从人们心底迸发出的敬意和钦佩。

科学巨人霍金就是这样一位生活的强者，他再次向每个青少年证明，即使你满身缺点，你还有可以引以为豪的优点，这些优点一样可以让你自信。而实际上，没有人是毫无缺点的，只是在你的内心这个缺点的份额的大小问题，如果你将缺点无限制放大，那么，它将会腐蚀你的心，阻碍你的成长。如果你能正视那些不足和缺点，并将缺点限制在一定的范围内，它就会成为你努力和奋斗的催化剂，助你成长、成功。

然而，在面对不幸时，总有人不停地抱怨，不断地自责。这样一来，将自己的心境弄得越来越糟。这种对已经发生的无可弥补的事情不断抱怨和后悔的人，注定会活在迷离混沌的状态中，看不见前面一片明朗的人生。之所以这样，是因为经历的磨炼太少。正如俗语说的那样：天不晴是因为雨没下透，下透了，也就晴了。

曾经有一对孪生兄弟，哥哥叫伊恩，弟弟叫杰森，兄弟二人帅气十足，但命运是不公的，他们遭遇了一场火灾事故，所幸消防员从废墟里扒出了他们兄弟俩，他们是那场火灾中仅幸存下来的两个人。

醒来后，兄弟俩早已面目全非。弟弟杰森无法接受眼前的现实，无法活下去的念头从他的思想走进了他的潜意识，他总是自暴自弃地重复着一句话："与其这样还不如死了算了。"于是，最终，他偷偷服了50片安眠药，离开了人世。

伊恩十分痛苦，但他仍然一次次地暗示自己："我生命的价值比谁都高贵。"后来，他当了一名货车司机。

一天，伊恩仍像往常一样送一车棉絮去加利福尼亚州。天空下着雨，路很滑，他把车开得很慢。此时，他发现不远处的一座桥上站着一个人。伊恩紧急刹车，汽车滑进了路边的一条小水沟里。他还没有靠近那个年轻人的时候，年轻人已经跳进了河里。年轻人被他救起后还连续跳了三次，最后一次伊恩救人时差点被大水吞没。

后来伊恩才知道，他救的是位亿万富翁。亿万富翁感激他给了他第二次生命，并和伊恩一起干起了事业。伊恩从一个积蓄不足10万元的司机，凭着自己的诚信经营，发展成了一个拥有3.2亿元资产的运输公司的董事长。几年后医术发达了，伊恩用挣来的钱整好了自己的面容。

一对孪生兄弟，为什么命运如此不同？因为他们的心态不同，面对毁容，弟弟杰森无法接受，选择自杀结束了自己的生命，而伊恩却始终告诫自己，自己的生命价值比谁都高贵，他努力活了下来，后来，他用同样的信念救了另外一个轻生的名人，从而改变了自己的命运。

总之，青少年朋友，你要记住，任何收获都不会轻易得来。如果你的生命中多了些安逸，那么，你就少了些张力。如果你能笑对各种磨炼，你就能获得成长。

哈佛启示 年轻人，因为你还稚嫩，还没有经历过磨难，所以，你应该勇敢地面对生活。如果你能积极地接受生活给予的一切，那么，你就是生活的强者。

82岁从哈佛毕业的伊丽莎白

只要你踏出第一步，脚下的路就会慢慢延伸，你就能向目标迈进。

在哈佛，有这样一位特殊的毕业生，她的名字叫伊丽莎白，她82岁从哈佛大学毕业。她之所以能成为哈佛人敬重的对象，并不是因为她已年迈，而是因为她有一颗勇敢的心。

又是一年毕业典礼，这一天，伊丽莎白和其他毕业生一样身穿学士服，头戴黑色学士帽，她从校长手中接过自己的学士毕业证书。另外，她还被颁发了一项表彰其学术成就和品德的奖项。在这一刻，伊丽莎白是激动的。她的勇气终于有了收获。

事实上，伊丽莎白能拿到哈佛大学的毕业证书，也是一个相当艰难的过程。

1941年，伊丽莎白就高中毕业了，随后，她结婚了，并生了4个孩子。再后来她有幸成为了哈佛大学健康服务部的员工，在哈佛大学工作，她被学校这种浓厚的学习氛围感染，慢慢地，她开始穿梭于各个课堂之间，旁听各种课程。

就这样过了很多年，伊丽莎白并没有正式注册成为哈佛的学生，因为她认为自己根本没有能力完成这个课程。然而，就在9年前，她的同事和同学都开始鼓励她，这让她又产生了争取学位的念头。

此时的伊丽莎白已经是73岁的高龄。对于这样年纪的人来说，安享晚年应该是最好的选择，但伊丽莎白不甘心，她告诉自己，一定不能就这样放弃。于是，她再次鼓起勇气，走进了哈佛的课堂，为此，她还给自己制订了十年的目标，也就是要在83岁之前从哈佛毕业。

如今满脸皱纹的伊丽莎白在哈佛工作了25年，学习了20年，攻读了9年学位，最终赶在自己的孙女之前获得了本科学历。

在哈佛，伊丽莎白可谓是一位独特的学生。许多教授，都以伊丽莎白的事迹作为案例，鼓舞学生：树立信心、果敢尝试，走属于自己路。

的确，生活中，有太多的人，他们把一生浪费在了等待中，他们白白浪费了宝贵的生命。多少人，他们曾经是一个英姿飒爽的少年，但如今却已步履蹒跚。青少年朋友们，如果你不想重蹈他们的覆辙，你就要告诉自己，选择去尝试，勇敢一点，才不会自己后悔。

人生就是如此，只要你敢于跨出第一步，你就能朝着目标不断迈进。无论你的梦想和目标是什么，只要立即开始行动，就能实实在在地看到成功的希望。这一点被许多人所忽略，其结果都是以失败告终。

哈佛人认为：扭转人生的第一步，就在于抛却一切负面想法，然后大胆地尝试，从迈出一小步开始，然后再尝试迈出一大步，这样你将发现许多能使你变得更好的方法。

约翰是一名保险推销员，除了工作，他最喜欢拿着猎枪和鱼竿到森林里去。一次，他突然想：我为什么不可以尝试在这些地方推销保险？这地方虽然荒凉，但沿着阿拉斯加铁路那几百公里的线路上，仍有不少铁路工人定居。没有哪个保险推销员愿意来这里展开业务，虽然这想法有些大胆，但约翰想到做到，他立即着手制订计划，做好一切准备。此后，约翰一直往返于铁路沿线，向那些铁路工人推销保险单，同时，他也像往常一样走遍大山，钓鱼，打猎。人们很喜欢他，亲切地称呼他“徒步约翰”。一年过去了，约翰的业绩竟然超过100万美元。

这个故事告诉每个青少年，凡事只有敢于尝试，才能产生奋斗的激情，才能去完善、去超越，去增添勇气、创造奇迹。不行动，一切都不会实现。

事实上，人们经常会下决心去做一件事，但真正果断地去尝试的却只有少数，也只有少数人才是最后的成功者。对于那些不付诸行动的人，他们也知道尝试的重要性，但是迟迟不愿意行动，结果又产生负疚感，造成意志瘫痪。很多情况下，人们与其说是因为恐惧而不去行动，毋宁说是因为不去行动而导致恐惧。许多事情的难度都由于我们的犹豫和摇摆加大了。

可见，勇于尝试需要人们有一种开拓进取的精神，鲁迅先生曾经说过："其实地上本没有路，走的人多了，也便成了路。"所以他十分赞赏"第一个吃螃蟹的人"，赞赏那些在人类前进道路上披荆斩棘的人。

有两个都想过富裕生活的人，其中一位是满腹经纶的教授，另一位是目不识丁的文盲，两个人是邻居，为了共同的目标经常一起聊天。每次，教授都滔滔不绝地讲他的致富理论，各种办法层出不穷；那位文盲也不多说，只是认真地听，并且不停地照教授的办法去行动。

过了几年，文盲当真成为了百万富翁，教授却还是原地踏步，只是没忘了继续他的高谈阔论。

这个故事同样说明：坐而言不如起而行。一个人，只有立即行动起来，才能真正创造价值，继而持续行动，才能获得成功。

对于青少年朋友来说，现在的你就如同一张白纸，所以你必须从零开始学习，而一味抱怨、不付诸行动，你将永远停留在零的阶段。而只要你去做，你的人生就将无限精彩！

生活中，我们常常听到人们说"成王败寇"，似乎只有那些成功才能带来价值，其实不然，那些敢于尝试的人，他们的人生，也会丰富多彩，熠熠放光。经过尝试，我们会发现自己具有取之不竭的智力潜能，会发现生命中潜藏着许多连自己也无法想象的能力。日本作家中岛薰曾说："认为自己做不到，只是一种错觉。"而如果你不去尝试，这些能力永远也没有机会大放异彩。尝试，是铸造卓越与杰出人生的一种方式，是事业成功的一条重要途径。

哈佛启示

人生需要选择，需要你果敢地去拼搏，去行动，去做自己该做的事情，哪怕你很畏惧，哪怕你很犹豫，如果摆在你面前的路是正确的，你就要立即行动起来。

有信仰就会有无穷的力量

信仰就像一盏明灯，能指引我们朝着正确的方向前进。

在哈佛的学生中，曾经有一个“傻子”，大家之所以认为他是“傻子”，因为他的想法令人匪夷所思。他是个多才多艺的人，他的理科成绩几乎每门功课都是满分，他的小提琴水平也达到了顶尖水平。为此，麻省理工学院和朱利亚音乐学院都争相录取他，但他却选择了进哈佛的神学院，很明显，神学院毕业的学生可能连工作都找不到，那么，他为什么选择了这条路呢?

对此，他是这样回答的，“现在的我还年轻，钱可以慢慢挣，但是关于信仰，关于神的问题，这些是我一生都必须要做的功课，如果不做好这些功课，那么，我一天都不能安宁。我读书不是为了职业，而是为了我的人生。”

读书不是为了工作，而是为了人生，为了自己的信仰。这样的话在现在思想较为开放的学校中也不曾听说过。我们提到“信仰”一词，所谓信仰，是对某种主张、主义、宗教或某人极其相信和尊敬。能够激发灵魂的高贵与伟大的，只有虔诚的信仰。在最危险的情形下，最虔诚的信仰支撑着我们；在最严重的困难面前，也是虔诚的信仰帮助我们获得胜利。

现代社会，随着物质水平的提高和文化的多元化，在年轻一代的青少年朋友心中，对于崇高的信仰的追求似乎正在慢慢淡化，而这也是很多人心灵没有归属感的原因。因为只有忠实于崇高的信仰，心才有归属的暖巢。因为只有积极向上的信仰，才会有良好的精神状态。一个人，如果有了积极向善的精神状态，那么，即使身处逆境，也不会感到恐惧，也总是心存希望，不会放弃，能够坦然面对困难，并积极寻找解决问题的办法。同时，也只有信仰，让我们坚持做人的原则，而不至于在社会大潮的洗礼中倒戈。

其实，人世中的许多事，只要想做，并坚信自己能成功，那么你就能做成。这正是信仰的作用。世界著名博士贝尔曾经说过这么一段至理名言："想着成功，看看成功，心中便有一股力量催促你迈向期望的目标，当水到渠成的时候，你就可以支配环境了。"

也就是说，青少年朋友们，只要你有个积极向上的信仰，你的心中也就有了一杆秤，那么，你在社会生活中，不管干什么，就都有了自己的原则。这里的原则既包括办事的方法，也包括为人、处事的立场、主见。如果一味地迁就、顺从别人，实际上是软弱的表现。过于软弱，就会逐渐失去自信力，而没有信仰的人是很难成就什么大事业的。

2002年获诺贝尔和平奖的美国总统吉米·卡特入主白宫前，当过海军军官、农场主和佐治亚州州长。执政时尽管他的决策并不完全尽如人意，但是，他的个人品格和工作作风还是赢得了美国人民的广泛赞誉。

吉米·卡特在读中学的时候，班主任朱莉娅·科尔曼小姐关爱她班上的每一个学生。她告诉他们："我们应该随着时代的变迁而调整自我，但是我们信守的原则是不变的。"朱莉娅小姐当年所要告诉学生们的是，我们应该时时分析新情况，然而无论是在选择相守终生的伴侣还是在艰难时刻、考验时刻或是遇到诱惑须做出困难的决定时，我们都不仅要适应这些新的挑战，还应该坚守我们所学到的某些原则，如公平、正直、忠诚等。

长大以后，卡特对朱莉娅小姐的话有了更深的理解，并始终坚守从朱莉娅小姐那里所学到的基本原则。在总统就职演说中，他引用了朱莉娅小姐的话："随着时代的变迁而调整自我，但信守不变的原则。无论我们面临着多么大的困难，我都决心让我自己和美国人民信守真正的正义与真理的信仰。”

吉米·卡特总统善于反躬自省，总是乐于面对自己的缺点，并设法自我改正。卡特十分勤奋而又能自律，同时坚信积极思考的力量。“他是个最守纪律的人”，吉米的朋友们众口一词地这样评论他。

卡特对那些没有尽最大努力的人常常不能容忍。在他任州长时，有一次，他因公和一位佐治亚州的专员同机外出。早晨7点钟，卡特已在飞机上等候了，只见那位专员正匆匆忙忙地在亚特兰大航空站的跑道上奔跑而来。这时飞机正好滑行到跑道上，卡特虽然看到了那个人，还是命令驾驶员准时起飞。“他不能按时到达这里，这实在太遗憾了。”他厉声地说。

他一直是像在就职演说中宣称的那样去做的：“我们知道‘多些’未必就是‘好些’；即使我们这个伟大的国家也有其公认的局限性；我们既不能回答所有的问题，也不能解决所有的问题……总的来说，我们必须为了共同的利益而牺牲个人的精神，去尽我们最大的努力把事情做好。”

卡特之所以能得到美国人民的好评，获得如此至高的荣誉，就是因为他一直记住当年朱莉亚小姐的那句话。正是这样的信仰，使他能做到坚持遵守纪律，坚持自己的原则，并努力做到最好。

总之，青少年朋友们，你需要记住，信仰具有无穷的力量。只要你追随自己的天赋和内心，你就会发现，你的生命被赋予了更高的意义，你不再消磨光阴，而是在让时间闪闪发光。

哈佛启示

信仰的力量是伟大的，唯有怀抱信仰，才会拥有希望。《肖申克的救赎》里说：“恐惧让你沦为囚犯，希望让你重获自由。”在心底坚守这希望，怀抱这信仰，你就拥有无穷的力量。

鼓足勇气，敢于破釜沉舟

机遇面前，敢拼才会赢，有破釜沉舟的勇气和决心，才能给自己一个向生命高地发起冲锋的机会。

哈佛告诉学生，成功与胆量有着莫大的关系，有胆量的人才有资格拥有成功。那些在取得了一点成就后就安于现状的人，最终，只能陷于平庸。有胆量，敢于破釜沉舟的人，才会置之死地而后快，实现新的突破。在哈佛，比尔·盖茨应该是勇气的最佳榜样。

在比尔·盖茨看来，成功的首要因素就是冒险。在任何事业中，把所有的冒险都消除掉的话，自然也就把所有成功的机会都消除掉了。他自己的一生当中，最持续一贯的特性就是强烈的冒险天性。他甚至认为，如果一个机会没有伴随着风险，这种机会通常就不值得花心力去尝试。他坚定不移的认为，有冒险才有机会，正是有风险才使得事业更加充满跌宕起伏的趣味。

他是一个具有极高天分、争强好胜、喜欢冒险、自信心很强的人，他在本行业的控制力是惊人的，以致有评论说：微软公司正在屠杀对手，看来似乎几近垄断软件工作。

事实上，对冒险精神的培养，比尔·盖茨从学生时代就开始了。他在哈佛的第一个学年故意制订了一个策略：多数的课程都逃课，然后在临近期末考试的时候再拼命地学习。他想通过这种冒险，检验自己怎么花尽可能少的时间，而又能够得到最高的分数。他做得很成功，通过这个冒险他发现了一个企业家应该具备的素质：如何用最少的时间和成本得到最快最高的回报。

他总是在培养自己好斗的性格，因而被人骂做“红眼”（人在紧张时肾上腺素冲进眼睛，导致眼睛通红）。久而久之，他成为令所有对手都胆怯的人物，因为他绝对不服输，绝对不会退缩，绝对不会忍让，更不会妥协，直到他自己取得了胜利。这种个性成为他创业时期的最明显的特征，他令一个个对手都败在了自己的手下。

但是他同时又是一个最不满足的人。到了20世纪90年代，他已经成了世界首富，但是不满足的心理依然驱动着他继续自己的冒险事业。他在一次接受记者的采访时说：“我最害怕的是满足，所以每一天我走进这间办公室时都自问：我们是否仍然在辛勤工作？有人将要超过我们吗？我们的产品真的是目前世界上最好的吗？我们能不能再加点油，让我们的产品变得更好呢？”

任何一个青少年朋友，也都要有盖茨的敢作敢为的勇气和永不满足的精神。的确，风险可能会导致你失败，但也会使你获得意想不到的收获，不冒风险看似安全，但它只会使你的一生在平庸中度过。

我们发现，有很多人，他们刚开始时都满怀理想，但在社会上打拼几年后，越发感到衣食住行等实际需要的重要性，于是，在获得了一份稳定的饭碗之后，往往就会在时间的消耗下失去进取的锐气，无奈地满足眼前的一切。

哲人说，自己是最大的敌人，人有时最难突破的，就是自身的局限性。这就是为什么我们会发现那些处于困境中的人最终会取得比那些已经取得温饱的人更有作为。想迈开脚步大干一场，又不舍得抛开自己现有的温饱的保障，如此瞻前顾后，必定无所作为。

据社会学专家预测，未来的社会将变成一个复杂的、充满不确定性的高风险社会，如果人类自由行动的能力总在不断增强的话，那么不确定性也会不断增大。青少年朋友们，你应该意识到，各种变化已经在我们身边悄然出现，勇敢地投身于其中的人也越来越多了，而如果你不积极行动起来、缺乏竞争意识、忧患意识，安于现状、不思进取，如果你还没被惊醒的话，就会被时代所抛弃，被那些敢于冒险的人远远甩在后面。敢于第一、充满冒险精神，是每个成功的哈佛人给我们的启示。

看那些成功者的历史，我们不难发现，他们即使到了山穷水尽的地步也没有失去勇气，他们会选择背水一战，尽管他们知道前面的路十分艰险，但他们更知道，不冒险就做不到破釜沉舟，没有这一步，人生就是一潭死水，淹没的是一个人的挑战性和创造性。

然而，很多人也深知机遇和风险并存的道理，只是在他们的理想之中，一直想寻找一个进可攻退可守的山头。事实上，抱着撤退的目的打仗的人，在气势上已先输了一阵，最终也难逃随波逐流，混一口粗茶淡饭的格局。

生活中，很多人渴望得到成功，渴望开创自己的事业，但每每考虑到会有失败的可能，他们就退缩了。因为他们怕被扣上愚昧的帽子，遭到别人取笑；他们不敢否认，因为害怕自己的判断失误；他们不敢向别人伸出援手，因为害怕一旦出了事情而被牵连；他们不敢暴露自己的感情，因为害怕自己被别人看穿；他们不敢爱，因为害怕要冒不被爱的风险；他们不敢尝试，因为要冒着失败的风险；他们不敢希望什么，因为他们怕失望……这种可能会遇到的风险，让那些不自信的男孩们畏首畏尾，举步维艰，他们茫然四顾，不知道自己的出路在何方，殊不知，人生中最大的冒险就是不冒险，畏首畏尾只会让自己的人生不断倒退。

在现代社会，不敢冒险就是最大的冒险。没有超人的胆识，就没有超凡的成就。

青少年朋友，你也需要和哈佛人一样，勇敢地冒险，勇于尝试，这样，你就有了做成功者的机会。胆量是使人从优秀到卓越的最关键的一步。

哈佛启示

在这个时代，墨守成规，缺乏勇气的人，迟早会被时代所抛弃。处处求稳，时时都给自己留有退路，这是一种看似稳妥却充满潜在危机的生存方式。

不畏惧困难，不逃避恐惧

无畏是灵魂的一种杰出力量，正是靠这种力量，成功者在遇到困境才能以一种平静的心态把持自己，从而控制自己的怯弱，最终战胜困难，走出困境。

我们一直感叹于哈佛人的成功，但我们不难发现，成功的哈佛人身上都有一个共同点：从来不逃避问题，不畏惧困难，不逃避恐惧。

青少年朋友们，在你的学习和生活中，可能会偶尔感到恐惧，但对此，美国著名将领艾森豪威尔将军是这样诠释的："软弱就会一事无成，我们必须拥有强大的实力。"不正面迎向恐惧，面对挑战，你就得一生一世躲着它。

这天，艾森豪威尔从学校回家，路上，一个体形粗壮的同龄男孩子一直在后面追他，艾森豪威尔不敢回击，于是，他一直逃跑。

这一幕被他的父亲看到后，父亲很生气地说："你为什么要容忍那小子这样欺负你？"

"因为我知道我打不过他。"

"你这是懦弱，去，把那小子赶走。"

有了父亲这句话，艾森豪威尔像拿到了指令似的，他赶紧回去，很生气地把刚才那个男孩打倒在地，然后正颜厉色地警告他："如果你再找麻烦，我就每天揍你一顿。"

从这件事以后，艾森豪威尔变成了一个勇敢的人。因为他知道，无论遇到什么，都不要退缩，一个人，如果没有勇气，干什么都畏首畏尾，那么，他就不会成为一个杰出的人。

任何一个青少年朋友，都要记住艾森豪威尔的话，因为在困难面前，逃避无济于事，只有正面迎击，困难才会解决。有时候，你会发现，那些所谓的困难与麻烦只不过是恐惧心理在作怪，每个人的勇气都不是天生的，没有谁是一生下来就充满自信的，只有勇于尝试，才能锻炼出勇气。

在哈佛大学，很多学生都时刻以"不让恐惧左右自己"自勉。为此，教授们经常在课堂上为他们讲松下幸之助的故事。

松下幸之助曾经是大阪电灯公司的一名职员，并且，一干就是七年，后来，松下考虑到，如果继续这样下去，这一生很可能就这样庸庸碌碌地工作下去了。他一想到这里，谋求自立的勇气就越发坚定。也正是考虑到这一点，松下离开这家公司时，就少了很多依恋、不舍和不安。

因此，他最后下定了自立的决心。但自立也并不如想象中的那么简单，松下虽然也遭遇到很多困难，但总算能够把事业继续下去，而有幸不必重回大阪电灯公司工作。后来公司日趋茁壮，但他的想法并无丝毫改变。有人这样问过松下：“松下先生，如果你的事业失败的话，你打算怎么办？”

松下毫不考虑地回答：“真到了那个时候我就去卖面包。我一定要做出比别人更好吃的面包让客人大饱口福。”

也就是说，他一直抱着失败了重新再来的态度。他认为人生没有永远的失败，一时的失败不足为惧。一个人如果能够怀着这种态度和心境的话，那不安和疑虑就会减至最低限度，从而拿出勇气继续奋斗下去。

在哈佛有这样一句话：假如你选择了天空，就不要渴望风和日丽。年轻人爱冒险，而冒险的首要前提就是必须克服内心的恐惧。

生活中，很多人都敬佩哈佛人的勇气，也在电影中看到了更多勇敢者的身影，并很容易想象自己勇敢的时候是什么样子。但是当突然需要他们拿出勇气时，他们却有点不知所措：他们其实一点也不勇敢，他们还会因为恐惧而感到恶心。我们甚至可以用“意志薄弱”、“两腿打战”、“脚底发凉”以及“战战兢兢”等词语来描述他们在畏惧时的心态。事实上，每个青少年在人生路上都需要勇气，但却因为畏惧而退缩了，这才是人生的悲剧。去做你所恐惧的事，这是克服恐惧的一大良方。大多数人在碰到棘手的问题时，只会考虑到事物本身的困难程度，如此自然也就产生了恐惧感。但是一旦实际着手时，就会发现事情其实比想象中要容易且顺利多了。

不断进取，敢于面对一切困难，并努力克服它，战胜它，这是生存的法则。相反，逃避是懦夫的作为，最终只能带来更多的危机。

一个人绝对不可在面对恐惧时，背过身去试图逃避。若是这样做，只会使危险加倍。反之如果面对它毫不退缩，危险便会减半。任何人只要去做他所恐惧的事，并持续地做下去，直到有获得成功的纪录做后盾，他便能克服恐惧。

恐惧是获得胜利的最大障碍。你若失去了勇敢，你就失去了一切。而现实中的恐怖，远比不上想象中的恐怖那么可怕。很多时候，成功就像攀爬铁索，失败的原因不是智商的低下，也不是力量的单薄，而是威慑于自己的无形障碍。如果我们敢于做自己害怕的事，害怕就必然会消失。

当今社会，知识和信息更新速度之快，要求每个青少年都敢想敢做，也只有勇者才能事事在先，时时在前，跟近社会，做时代的弄潮儿。青少年朋友们，若想在当今的社会立足，有所成就，就要不畏惧风雨，不怕挫折，不惧坎坷。

如果你不能自己除掉恐惧，那样的阴影会跟着你，变成一种逃也逃不了的遗憾。不要因为恐惧失望而害怕尝试。一旦你正面面对恐惧，很多恐惧都会被击破。既然困难不能凭空消失，那就勇敢去克服吧！

哈佛启示

恐惧的表现之一通常是躲避，而试图逃避只会使得这种恐惧加倍。任何人只要去做他所恐惧的事，并持续地做下去，直到有获得成功的纪录做后盾，他便能克服恐惧。

第14章 善于合作，团队的力量锐不可当

哈佛告诉学生，要获得成功，就必须有一个好的人际圈子，仅凭一个人的能力是很难完成自己的事业的。只有人们愿意帮你，不断地给你提供各种资源，你才能有更多的成功机会。的确，“团结就是力量”，这个时代是一个竞争空前激烈的时代，一个人的力量十分有限，唯有团队的力量才是不可估量的，也是达到成功目标的唯一的能力者！青少年朋友们，你也要学会善待他人、尊重他人，学会与人相处，只有这样，才能逐渐形成善于与人合作的能力，才能借助集体的力量赢得成功！

微笑效应：微笑能拉近人际距离

人们对于那些报以微笑的人似乎总是多一份好感。微笑是一种易于被接受的非言词信号，给人以友好、热情的印象。

心理学上有个著名的微笑效应：

一名销售人员的心情很好，他给了客户一个微笑，客户的心情也变好了，回到家，他也给了孩子一个微笑，儿子的心情也变好了，他到学校也给了所有同学一个微笑，微笑就这样传开了。

于是，心理学家得出这样一个结论：微笑能发出善意的信号，能拉近人与人之间的距离。

拿破仑希尔这样总结微笑的力量：“真诚的微笑，其效用如同神奇的按钮，能立即接通他人友善的感情，因为它在告诉对方：我喜欢你，我愿意做你的朋友。同时也在说：我认为你也会喜欢我的。”

很多成功的哈佛人也都指出，微笑是与人交流的最好方式，也是个人礼仪的最佳体现。我们可以从日常观察中发现，没有谁喜欢看到与之交往的对象愁眉苦脸的样子。

因此，青少年朋友们，人际交往中，你若希望给对方留下一个好印象，就一定要学会露出受人欢迎的微笑才行。因为在这个世界上，没有什么东西能比一个灿烂的微笑更能提升你的个人魅力，更能打动人心的了。

俗话说得好，伸手不打笑脸人，对于别人善意的微笑，我们怎么可能会拒绝呢？卡耐基说，笑容能照亮所有看到它的人，像穿过乌云的太阳，带给人们温暖。

卡耐基鼓励成千上万的商人，花一个星期的时间，每天24个小时，都对别人微笑，然后再回到班上来，谈谈所得的结果。情形如何呢？威廉·史坦哈是好几百人中的典型例子。

“我已经结婚18年多了，”史坦哈说，“在这段时间里，从我早上起来，到我要上班的时候，我很少对我太太微笑，或对她说上几句话。我是百老汇最闷闷不乐的人。

“既然你要我以微笑的经验发表一段谈话，我就决定试个一星期看看。

“现在，在我去上班的时候，会对大楼的电梯管理员微笑，并说一声‘早安’，我也微笑着跟大楼门口的警卫打招呼；我对地下火车的出纳小姐微笑，当我跟她换零钱的时候；当我站在交易所时，我对那些以前从没见过我微笑的人微笑。我很快就发现，每一个人也对我报以微笑。我以一种愉悦的态度，来对待那些满肚子牢骚的人。我一面听着他们的牢骚，一面微笑着，于是问题就容易解决了。我发现微笑带给我更多的收入，每天都带来更多的钞票。

“我跟另一位经纪人合用一间办公室，他的职员之一是个很讨人喜欢的年轻人、我告诉他最近我所学到的做人处世哲学，他很为所得到的结果而高兴。

他接着承认说，当我最初跟他共用办公室的时候，他认为我是个非常闷闷不乐的人，直到最近，他才改变看法。他说当我微笑的时候，我充满慈祥。”

可以说，是微笑让威廉·史坦哈的人际关系有了巨大的改善。的确，我们每天都要面对烦琐的生活，都要面临工作的压力，我们常常忘记微笑是什么，该怎样微笑。但如果你想成为一个受人欢迎的人，就不要皱着眉头了，学会微笑吧，让你的笑容感染他。

总之，人际交往中，你若对他人报以微笑，就会让对方被我们的善意和热情所打动，久而久之，他们也会对我们回以微笑。

然而，可能很多青少年朋友会说自己不苟言笑，那么，你不妨采取以下几点训练方法：

1. 对镜微笑训练法

当你闲来无事时，你可以尝试以下这种训练微笑的方法：先坐在镜子前，整理一下自己的衣服，闭上你的眼睛，调整你的呼吸使之匀速。然后开始深呼吸，让你的心静下来，接下来，睁开眼睛，镜子里的你是不是看着清爽了很多，既然如此，那么，笑一笑吧！让你的嘴角微微翘起，舒展你的面部肌肉。如此反复，训练时间长度随意。这是一种最常见并有效的训练方法。

2. 经常对周围的人发自内心地微笑

你应该注意的是，微笑并不是简单的脸部表情，它应该体现整个人的精神面貌。所以，我们可以在平时多对周围的人发自内心地微笑。这样，就能避免在与他人沟通时僵硬地笑了。

3. 微笑时要心存友善

只有友好的笑容，才能让他人感受到你的诚意，也才是自然的，能感动他人的。人们常说：“伸手不打笑脸人”，因为微笑是一种力量，它有一种赢得对方欢心的魅力，可以让你产生无穷的亲和力。

其实，微笑本身和个性的内向与外向无关，只要肯去训练，任何人都能拥有迷人的微笑。

当然，这并不是要你时刻都强颜欢笑，而是当你在遇见熟人或者结交陌生人的时候舒心地微笑一下，它可以展示你开放的交谈态度。

请展现你的微笑吧，当你出门时，请对你的父母笑一笑；当你来到学校时，请对同学、老师笑一笑；当你上了公交车时，请对售票员笑一笑……请对你见到的所有人微笑，你很快就会发现，每一个人也对你报以微笑。对方看到你真诚、愉快的笑脸时，他们就会体验到一种友好、融洽、和谐的欢乐气氛，并因此而深受感染、乐在其中！

哈佛启示

当我们对他人微笑时，传递的是友好、渴望沟通的信息，对于对方来说，也自然能感受到你的暗示，那么，他们通常都会同样以微笑来回答你。

尊重法则：尊重他人才能赢来尊重

尊重他人的人，往往能够被更多的人记住，也会得到更多人的帮助。

我们都知道，人都是社会的人，都生活在一定的社会群体中，都不可能做到“与世隔绝”，我们与人打交道的过程中，不仅要考虑自己，还要考虑他人。对于青少年来说，在未来社会，你更需要与人合作，单打独斗不可能有所作为，为此，你更应该看到修炼人际交往能力的重要性。而在此之前，你应该明白的一点是，人际交往，贵在互相尊重。因为人们生而平等，每个人的人格也都是平等的，没有贵贱之分。对人不尊重，首先就是对自己的不尊重。

心理学家告诉我们，尊重是互相的，尊重他人才能赢来尊重。这就是“尊重法则”。尊重他人是人际交往的第一原则，也是一种美德。

哈佛学子亨利·梭罗曾说过：“谁若想在困厄时得到援助，就应在平日待人以宽。”每一个哈佛学子都是优秀的，他们就读于世界一流的学府，他们在毕业后多半都能在事业上有所成就，但他们并没有因此而觉得高人一等。他们依然虚心学习，对待老师和同学他们也是谦虚有礼。

每一个青少年朋友，也应该以哈佛学子为榜样。尊重他人的人也会受到别人的尊敬，因为懂得尊重能够唤醒别人的自信和奋斗的动力，指引别人成功。

世界著名的文学家萧伯纳一次到苏联访问，在街头遇见一个聪明伶俐的小姑娘，就和她一起玩耍。离别时，萧伯纳对小姑娘说；“去告诉你妈妈，今天和你玩的是世界著名的萧伯纳。”不料，那个小姑娘竟学着萧伯纳的语气说：“你回去告诉你妈妈，今天和你玩的是苏联小姑娘卡嘉。”这件事给萧伯纳很大的震动，他感慨地说：“一个人无论他有多大的成就，他在人格上和任何人都是平等的。”

这是一个小故事，但却告诉所有的青少年朋友，即使是世界文豪萧伯纳，在人格上也与一小姑娘无界。的确，我们应该明白，要做到具有人格魅力，不论你有多大的成就，都应该放下架子平等待人。只有等重别人，你才会获得对方同样的尊重。

在英国还有这样一个故事：

一次，女王维多利亚忙于接见王公，却把她的丈夫阿尔倍托冷落在一边。丈夫很生气，就悄悄回到卧室。不久有人敲门。丈夫问：“谁？”回答：“我是女王。”门没有开，女士又敲门。房内又问：“谁？”女王和气地说：“维多利亚。”可是门依然紧闭。女王气极，但想想还是要回去，于是再敲门，并婉和地回答：“你的妻子。”结果，丈夫马上笑着打开了房门。

维多利亚女王是个很伟大的女性，可是她在丈夫面前只是一个妻子，她和她的丈夫是平等的。而当今社会很多人因为自己拿着高收入、拥有可以炫耀的资本，就自认为高人一等，面对他人，他们也总是摆出一副“上上人”的姿态，这样的人也很难获得别人的尊敬。

杰姆·费雷是美国历史上很有影响力的一个人，他成功地帮助富兰克林·罗斯福当上了美国总统。但可能我们根本不会想到的是，他从来就没有机会受教育。

年少时候的他曾在一家瓦窑做学徒，每天烧瓦片，然后置于阳光下晒干，但他并没有听从命运的安排。他的人生就因为能成功记住他人的名字，而发生了巨大的变化。

虽然杰姆从不知道上学的滋味是怎样的，但截至46岁，他已经获得了美国的四所大学的荣誉博士的学位，并且，他还是美国的邮政总监，美国民主党委员会的主席。

对此，有人问他成功的原因，杰姆的回答居然是他可以叫出五万人的名字，而这也是因为他可以帮助罗斯福进入白宫、成为美国总统的原因。这大概就是记住他人名字的神奇效应吧。

在富兰克林·罗斯福开始竞选总统的前几个月，杰姆的工作很多，刚开始的一段时间，他每天需要写好几百封信给西部以及西北的各个州的人。

然后，他需要走访西部那些人，他登上了火车，在19天之内，行程12000公里，足迹遍及20个州，用遍了马车、火车、汽车、快艇这些交通工具。

每到一站，他都会停下来与接见他的人一起共同进餐，并进行一番亲切的交谈，然后继续他的旅途。

杰姆一回到美国东部，就立即给那些自己曾经遇到的小城镇中的人写信，并请对方帮忙。但这些人实在太多了，需要写信的人也实在太多了，但到最后，他们却都收到了杰姆的信。并且，这些信中，杰姆都是这样开头的："亲爱的比尔"或"亲爱的杰恩"，而最后总是签着"杰姆"的名字，结果，他的这一做法帮助富兰克林·罗斯福拉取了大量的选票，使其成功地当上了美国总统。

故事中，杰姆能记住所有选民的名字，体现了他对所有人的尊重，而这也让选民对他产生了好感，最终把宝贵的一票投给了罗斯福。

青少年朋友们，在日常的交往中，如果你也能做到尊重每一个人，那么，你也能得到他人的青睐。

的确，尊重不仅是现代交际中的一项基本原则，更是最重要的原则。因此从心理学的角度看，每个人都有被人尊重的要求，谁也不希望自己被人贬低。因此，任何不尊重他人的行为都是不利于建立和谐的人际关系的。

哈佛启示

尊重别人是一种心态，更是一种习惯和修养，所以，不要根据别人是否尊重你或尊重你几分来决定你对别人尊重多少，而应发自内心地去尊重别人。

海格力斯效应：心中不要有敌意

冤冤相报何时了，真正的智慧是以德报怨，用宽容来回报伤害，我们的生命会因此拓宽，我们的世界会呈现化干戈为玉帛的祥和。

希腊神话故事中有位英雄大力士，叫海格力斯。一天，他在路上看见有个鼓起的袋子样的东西，很难看，便踩了它一脚。谁知它反而膨胀起来，这激怒了海格力斯。他操起一根木棒砸下去，结果它竟膨胀到把路也堵死了。这时一位圣者走到海格力斯跟前说："朋友，快别动它了，忘了它，离它远去吧。它叫仇恨袋，你不惹它，它便会小如当初；你若侵犯它，它就会膨胀起来与你敌对到底。"

"以牙还牙，以眼还眼""以其人之道还治其人之身"，这就是心理学上的"海格力斯效应"。海格力斯效应是指一对一的人际互动，是一种人际间或群体间存在的冤冤相报、致使仇恨越来越深的社会心理效应。海格力斯效应会使人陷入无休无止的烦恼之中，错过人生中许多美丽的风景，再没有真正的快乐，再没有新的进步了。

我们生活的周围，这样的现象比比皆是，两人因为一件小事发生误会，便心生怨气，互相指责，矛盾进一步升级，最终导致老死不相往来的境地。

其实，“海格力斯效应”是人们自私、狭隘心理的表现，如果彼此都退一步，那么，矛盾便烟消云散了。

青春期是个情绪化的年纪，也很容易因为周围的一些小事而产生愤怒和仇恨的情绪，但如果你希望自己拥有良好的人际关系，就要大度一点，忘记仇恨，这样，你的社交之路才会通畅，你才能实现与他人良好的合作。

古人云，“以牙还牙，以眼还眼”，这大致就是“海格力斯效应”在生活中最直接的显现，也是人们在发泄仇恨时最容易采取的手段和方式了。而古往今来，在漫漫的历史长河中，正是因为这一心理，酿成了多少冤冤相报的历史悲剧。看“二战”后，阿拉伯国家和以色列之间的血流冲突，为中东稳定及世界和平带来了多少灾难性后果；而曾经古希腊与特洛伊之间仅仅为了一个女人，展开了数十年的争夺之战……回望历史，冤冤相报给人类造成太多痛苦和悲剧，留下无数遗恨和灾难。诚然，许多悲剧性事件的发生具有复杂的原因，但争端无不起源于双方的互不相让和冤冤相报。是啊，如果人类在仇恨面前能冷静下来，以宽容的心态面对，能够放弃不必要的争斗，并以德报怨，许多悲剧是可以避免的，甚至历史可能会呈现一种别样的美丽。

为此，哈佛告诉他的学生们，以怨极怨是社会效用最差的选择，很容易让我们陷入冤冤相报的泥潭，而相反，以德报怨则是一种力量，它能化解人与人之间的矛盾，能帮助我们赢得友谊与信任。

魏国边境靠近楚国的地方有一个小县，一个叫宋就的大夫被派往这个小县去做县令。

两国交界的地方住着两国的村民。村民们都喜欢种瓜。这一年春天，两国的边民又都种下了瓜种。不巧这年春天，天气比较干旱，由于缺水，瓜苗长得很慢。魏国的一些村民担心这样旱下去会影响收成，就组织一些人，每天晚上到地里挑水浇瓜。

连续浇了几天，魏国村民的瓜地里，瓜苗长势明显好起来，比楚国村民种的瓜苗要高不少。

楚国的村民一看到魏国村民种的瓜长得又快又好，非常嫉妒，有些人晚间便偷偷潜到魏国村民的瓜地里去踩瓜秧。

宋县令忙请魏国村民们消消气，让他们都坐下，然后对他们说：“我看，你们最好不要去踩他们的瓜地。”

村民们气愤至极，哪里听得进去，纷纷嚷道：“难道我们怕他们不成，为什么让他们如此欺负我们？”

宋县令摇头，耐心地说：“如果你们一定要去报复，最多解解心头之恨，可是以后呢？他们也不会善罢甘休，如此下去，双方互相破坏，谁都不会得到的一个瓜的收获。”

村民们皱紧眉头问：“那我们该怎么办呢？”

宋县令说：“你们每天晚上去帮他们浇地，结果怎样，你们自己就会看到。”

村民们只好按宋县令的意思去做，楚国的村民发现魏国村民不但不记恨，反倒天天帮他们浇瓜，惭愧得无地自容。

这件事后来被楚国边境的县令知道了，便将此事上报楚王。楚王原本对魏国虎视眈眈，听了此事，深受触动，甚觉不安，于是，主动与魏国和好，并送去很多礼物，对魏国有如此好的官员和国民表示赞赏。魏王见宋就为两国的友好往来立了功，也下令重重地赏赐宋就和他的百姓。

这就是个典型的以德报怨的故事。从这个故事中，青少年朋友们，你也要有所启发，诚然，人都是情感的动物，自然难免会受到来自他人和外在世界的伤害，但如果我们把仇恨的种子放在心中，那么，你的人际关系就会紧张，就会失去合作者。而如果你能以微笑面对，原谅他人，你会发现，你不仅获得了快乐，还收获了友谊。

哈佛启示

人生在世，既然存在人际交往，就会产生摩擦、误解甚至仇恨，而如果我们始终扛着自己给自己编织的“仇恨袋”，心中装着“仇恨袋”，生活只会是如负重登山、举步维艰了，最后，只会堵死自己的路。

幽默效应：会幽默让更多人喜欢你

幽默的语言可以消除内心的紧张，化解生活的压力，它还可以有效地降低人们之间的摩擦，缓和矛盾和冲突，会幽默就等于掌握了人际交往的王牌。

青少年朋友，在你身边，什么样的人最受欢迎？你一定会回答：有幽默感的人。因为有了幽默感，他们更善于与其他人沟通，即便表达反对意见也不让人反感；因为有了幽默感，他们总会成为聚会的主角，人人都愿意和他们聊上几句……这就是著名的幽默效应。美国幽默术专家特诺·赫伯说过：“把幽默当作礼物送给别人，会增强你的吸引力。”社交场合离不开幽默的谈吐。运用幽默语言活跃气氛，能激起听众的愉悦感，使人轻松、愉快、爽心、舒情，幽默可活跃气氛，沟通双方感情。

在哈佛大学，流传着这样一个幽默故事：

美国第16届总统林肯的长相让人无法恭维，他自己对此也不避讳。他的政治对手道格拉斯在与他辩论时严厉指责他是个“两面派”。

林肯答道：“现在，请各位电视观众评评看，我如果还有另一副面孔的话，我会戴着现在的这副面孔吗？”结果引起观众大笑。

这里，面对他人的挑衅，林肯并没有直接道出道格拉斯的指责是荒谬的，而是先调侃了一下自己，在观众大笑的同时，自然也反击了道格拉斯。可见，幽默能融洽人际关系，生动地表达情感和态度，从而达到驳斥、批评他人的目的。

除此之外，幽默的语言更是通向对方心灵的桥梁，它能让你风趣诙谐地表达自己的某种心意，并以最快的速度直抵他人的心灵。

有一天，法国画家奥拉斯·韦尔纳正在勒芒湖边作画，一个女青年向他走了过来，并对画家的作品提出了一些修改意见。

第二天，在一艘回巴黎的船上，他又碰到了这位女青年。这位女青年对他说："先生，一看你就是个法国人，听说大画家奥拉斯·韦尔纳也在这艘船上，你能介绍他给我认识吗？"

"小姐，你真的很想见他吗？"

"是的，先生，我非常想见他，要知道，他可是我心中的神话。"

"哦，亲爱的小姐，不必那么麻烦了，因为昨天上午你已经认识他了，并且你还给他当了一回绘画老师呢！"

这里，奥拉斯·韦尔纳刚开始结识这位女青年的时候，并没有道明自己的身份。很明显，当他开完玩笑后，女青年便了解，自己身边的先生便是自己"心中的神话"，并且，"这个神话"并没有端着高高的架子，而是如此的幽默、风趣、平易近人，于是，两个绘画爱好者的深层次交流便开始了。

青少年朋友们，如果你想成为一个受人欢迎的人，那么，你不妨也学会运用幽默的力量吧。

哈佛告诉学生，幽默体现的是一种健康、乐观的心态。为此，每个哈佛人都希望自己拥有幽默能力。

一个懂得幽默的人，他平时的心情往往比严肃的人要轻松得多，因为笑声把那些不顺心的事都冲淡了，能够经常保持轻松的心情，他的工作压力自然就小得多。

一个叫李君的青年结婚时，很多领导前来祝贺，他自觉是受宠若惊。当新娘子被众星捧月一般接进洞房时，贴在吊灯上的大红喜字被震落下来。这在结婚时可是大忌讳，代表着不吉利。洞房内顿时一片寂静。正在这个难堪的关头，新郎急中生智，突然喊道："喜从天降，太好了，太好了！这老天爷看我娶新娘也来道喜，凑热闹来了！我李君何德何能，竟敢劳驾老天爷您老人家来祝贺呀！"一场尴尬就这样在人们的赞叹声和掌声中化解了，洞房又恢复了喜庆的气氛。而领导也高兴得直点头，在日后的工作中，大事小事都问李君的意见。

案例中的新郎就是个机智的人，一句自嘲的话，化解了婚礼上的尴尬，不得不让人佩服。而此处，我们也看出，就是先学会放开心境，拿自己开开涮，博人一粲，让人真心受到吸引，而不是费劲力气自我吹嘘，自我标榜。开自己玩笑，是从平凡的、趣味的、不甚完美的角度来观看自己，让别人有喘一口气的机会，也让自己从遥不可及的宝座上滚落红尘，与众生同声一笑。

可见，人际交往中，在人前蒙羞，处境尴尬时，用自嘲来对付窘境，不仅能很容易找到台阶，而且多会产生幽默的效果。所以自我解嘲，自己把自己胳肢几下，自己先笑起来，是很高明的一种脱身手段。

美国哲学家帕克说："幽默的目的是审美的沉思。"也就是说，幽默是以表面上的滑稽和形式上的玩笑，起到实质上的庄重和内容上的严肃之效果。因此，真正的幽默要有意味深长的内涵，它不是简单的插科打诨，不是无聊的玩弄噱头，不是庸俗的油腔滑调，也不是刻薄的冷嘲热讽。作为批评手段之一的幽默批评，更应是智慧的结晶，是启迪的艺术，是热情的开导，是真诚的帮助。而很明显，先调侃自己，再幽默批评，则显得我们的批评动机更纯正，批评语言更温婉，也就更能起到指正的作用。

当然，幽默的第一步，就是先学会放开心境，敢于开自己的玩笑，这就要我们学会从生活的点滴中发现那些关于自己的一些可笑的话题。

哈佛启示

适当的、高品位的幽默，可以活跃气氛、振奋精神、缓解压力。因此，你不妨试一下幽默的力量，常与朋友或者同学用幽默的言语调侃一下，让开心的笑声驱散身心的疲惫，放松一下内心世界，感受一种难得的惬意和怡然。

运用团队力量共创辉煌成就

在现今社会中，单打独斗的个人英雄主义已经行不通，任何一项任务的完成，都离不开成员之间的合作。

21世纪是一个合作的时代，合作已成为人类生存的手段。因为科学知识向纵深方向发展，社会分工越来越精细，人们不可能再成为百科全书式的人物。每个人都要借助他人的智慧完成自己人生的超越，于是这个世界充满了竞争与挑战，也充满了合作与快乐。同样，每个青少年，也要对合作引起重视，并把合作的意识运用到日常的生活和学习中。

古人云："三个臭皮匠，赛过一个诸葛亮"。这句话很明确地表明了团队合作的意义：团队行动可以达到个人无法独立完成的成就。也就是说，只要团队中的每个人都能充分发挥个人的才智，就能将团队的力量发挥到最大。但这里的充分发挥，很明显，是要各取所长，把每个人的力量发挥到最大。

哈佛大学已经建校几百年，这几百年来，它一直很重视对学生品行的教育，它告诉学生，在学习知识和培养能力的同时，还要有良好的品行。端正做事的态度，是哈佛重要的教学理念之一。

在哈佛大学的课堂上，为了培养学生的合作意识，教授们经常讲这样一个故事。

一天夜里，台风来袭，下了很大的雨，不到一会儿的工夫，河堤也决口了，村子很快被洪水淹没了。第二天一大早，人们站在村庄的高处，看着已经被淹没的家园，信加伤感。

正在这时候，有人看见水面漂了个东西，于是，他大喊："快看，好像有个人！"于是村长让村里会游泳的人下水去看看，但过了一会儿，此人就游回来了，他对村长说："是一个蚁球！"

就在他说话时，人们发现，那个黑点又漂了过来，越来越近，人们看清了：这个蚁球居然有足球那么大！这些黑乎乎的蚂蚁们紧紧地抱在一起。洪水迅猛，很多外层的蚂蚁如同被剥去的洋葱皮一样被剥离开，掉进水里，最后漂浮在水上，它们牺牲了。

慢慢的，这个蚁球终于漂到岸上了。此时，蚁球上的蚂蚁很有秩序地逐渐散开，像极了一艘打开的救生艇。随后，它们列成队，逐渐离开了岸堤。在岸边，人们看到了很多牺牲的蚂蚁，但他们仍然紧紧地抱在一起。

面对死亡，蚂蚁仍能团结地抱在一起，彼此依靠，互相信任，冷静地抗击灾难。团结就是力量，如果人心所向，众志成城，就能以最小的代价获取最大的成功。

叔本华说：单个的人是软弱无力的，就像漂流的鲁宾逊一样，只有同别人在一起，他才能完成许多事业。从小我们就高喊：团结就是力量，合作就是力量。

俗语说：单丝不成线，独木不成林。任何大事都是由众人合作完成的，不是个人的能力问题。没有桃园三结义，刘备怎么可能三鼎天下？西游记中没有唐僧师徒四人的通力合作，又怎能取得西天真经？没有汉初三杰和豪杰们的合作刘邦不可能建立汉朝。由此可见合作的重要性。而在现今社会中，单打独斗的个人英雄主义已经行不通，任何一项任务的完成，任何一个产品的制作，都要分为好几个步骤和工序，由好几个人来共同完成。

因此，还在成长阶段的青少年们，也应该明白合作的重要性并在日常生活中着力培养自己与人合作的能力，只有这样，才能在未来社会真正实现与他人的共赢。

哈佛告诉学生，人际关系的圈子是需要你来培养的，只有用真诚和爱心，才能巩固起你的人际关系，也只有团结他人，你手中的力量才会更强大。一个人无论多么能干，多么聪明，多么努力，但如果他不能或是不愿意与团体一起合作，日后也绝不会有什么大成就。

外国有这样一则故事：

一个跳伞运动员在一次跳伞活动中，不小心被挂在了飞机的起落架上，高空中的冷风嗖嗖地吹着。很快，飞机驾驶员看到了出了意外的运动员，他不能见死不救，可是，他的座位离起落架太远了，他怎么也割不断救生伞，运动员只好一直被悬挂在起落架上。

为了要救这名运动员，驾驶员想尽各种办法也无济于事，最后他决定，还是带运动员回机场。为了保障运动员的安全，他降低了飞行速度——由原来的每小时80公里到现在的时速60公里。可是这样做，又会带来另外一个问题，飞机可能因为速度太慢而一头栽下去、当飞机在机场上空盘旋时，由于速度过慢，驾驶员已经感受到了飞机的震荡，稍不注意就可能发生危险。

此时，驾驶员眼前一亮，他发现前方有一片草地，如果能在草地上降落，那么，便能减少与飞机的摩擦，对保护运动员有好处。然而也有不利因素，如果处理不好仍然会造成机毁人亡，他想到了这点，但却不知运动员是怎么想的。要知道，此时配合不好的话，就会导致更为严重的意外。

然而，运动员似乎与飞机驾驶员心有灵犀一样，就在飞机落地的一瞬间，运动员猛地把自己身子缩小，把头勾起来，他这样做的目的就是不让自己在飞机落地时碰到地面，保护自己不受伤，他的冷静给他带来了生还的希望。

很庆幸，飞机成功降落，虽然运动员皮肤擦伤了，但其他一切正常。当他看到救他的车辆驶过来时，他兴奋地对救他的人说："我太幸运了！"有人告诉他："不是你幸运，是你们配合得太好了。"

可能你也为运动员捏了一把汗，但正是因为他与驾驶员的巧妙合作，最终化险为夷。这里，假设驾驶员对飞机的操作不够熟练，运动员对自己的身体机能不能很好的把握，那么，他们必当逃不过这一关，类似这样的事生活中极少发生，但它说明了生活中配合与协助的精神是必不可少的。当然，在配合的同时，需要每个人都发挥自己最擅长的力量。

一些青少年朋友在生活中却奉行个人主义、我行我素的做事原则，但我们发现那些个人主义者都逃脱不了失败的命运，究其根源是因为他们身上草莽的色彩和先天的不足，如果能在融入团体之前，先削去自己的棱角，恐怕也会少走些弯路。

哈佛启示

在一个团队中，只有每个成员都最大限度地发挥自己的潜力，并在共同目标的基础上协调一致，才能发挥团队的整体威力。唯有善于与人合作，才能获得更大的力量，争取更大的成功。

第15章 修炼你的成功素养，在习惯中不知不觉成就自己

生活中，人们常说：“没有人能随随便便成功。”的确，成功不是偶然，失败绝非命运。青少年朋友们敬仰的哈佛人之所以能在他们各自的领域内有一番成就，就是因为他们身上有着很多成功者的良好素养。如兴趣、热情、使命感、永不言弃、非凡的野心等，习惯成就命运，青少年朋友们，如果你也能从现在起，在日常生活和学习中修炼自己，那么，你也能和哈佛学子一样在不知不觉中成就自己！

使命感让你倾注更多热情

哈佛教授泰勒本·沙哈尔总结出这样3种工作境界：赚钱谋生、事业、使命感。

在哈佛的课堂上，在谈到工作问题时，教授泰勒本·沙哈尔笃定地告诉学生：“一个在工作中找到意义与快乐的投资家，一个出于正确动机的商人，绝对要比一个心不在焉的和尚，高尚和有意义得多。”他总结出这样三种境界：赚钱谋生、事业、使命感。

哈佛人毕业之后，都会记住教授的话，并且，他们都会把自己的工作当成使命来完成，他们会对工作投入百分之百的热情，而这也是为什么哈佛人能成

功的原因之一。

的确，一个人，如果只把工作当成赚钱的手段，那么，他就不会有太多的成就和个人价值的实现。我们都有这样的体会，一些人每天去上班，只是坐等下班，他们所期盼的，除了薪水就是赶快放假，这样的人又怎么可能做出一番成就呢?

曾经有人以医院的清洁工为研究对象进行了一项研究，在被研究的两组人中，一组觉得自己的工作很枯燥、乏味、没意义，他们得过且过，而另一组人则对工作很投入，他们把医院打扫得很干净，他们经常和护士、病人交谈，为此，他们觉得自己的工作很有意义，也获取了很多的快乐。

这就是是否把工作当成使命来完成而导致的完全不同的工作状态。青少年朋友们，虽然现在的你还没有参加工作，但你也应该培养自己做事的良好态度，对每件事都充满使命感，你就会倾注更多的热情，这样的态度必定会促使你在未来的社会生活中取得成功。

除了天分，日本著名作曲家小泽征尔拥有更多的勤奋。日本作曲家武满彻曾经在小泽寓所住过一段时间，目睹了大师的勤奋。他说："每天清晨四点钟，小泽屋里就亮起了灯，他开始读总谱。真没想到，他是如此用功。"原来，小泽从青年时代就养成晨读的习惯，一直坚持到今天。"我是世界上起床最早的人之一，当太阳升起的时候，我常常已经读了至少两个小时的总谱或书。"小泽这样说。

正是因为如此，在一次演出中，小泽征尔以敏锐的洞察力听出了乐谱的错误，并敢于向在场的权威人士质疑，在比赛中成功胜出。

的确，伟大的成功和辛勤的劳动是成正比的，有一分劳动就有一分收获，日积月累，奇迹就可以创造出来。这是绝对的真理。只有勤奋工作才是最高尚的，才能给人带来真正的幸福和乐趣。勤奋是通往荣誉圣殿的必经之路。那么，小泽征尔为什么会如此用功？他是怎么养成勤奋学习的习惯的？可以说，他的动力来自于他对音乐的热爱和追求。

因此，青少年朋友们，如果你还在浑浑噩噩地生活着，还在感叹自己无法改掉某些恶习时，那么，你不妨为自己找个伟大的目标吧，具备强有力的信念，你就能找到前进的方向和动力。它能使你摆脱空谈主义，能帮助你挖掘你身体的所有潜能，能帮助你克服很多阻力。

世界著名博士贝尔曾经说过这么一段至理名言：“想着成功，看看成功，心中便有一股力量催促你迈向期望的目标，当水到渠成的时候，你就可以支配环境了”。这句话的含义是，人世中的许多事，只要想做，并坚信自己能成功，那么你就能做成。而这中间，使命起着重要的作用。在相同条件下，有明确而且强烈的个人使命，与被动懈怠的结果是完全不同的。

青少年朋友，无论是学习还是在未来的工作中，你都要挖掘出自己的使命感，从而让自己做到全力以赴，始终保持一种积极的心态，勤奋努力，自动自发，这样才能从根本上提高你做事的效率和陪你做事的态度。有这样一个故事：

老木匠辛苦了一生，建造了多得数不清的房子。这一年，他觉得自己老了，便向主人告别，想要回家乡去，安享晚年。

老板十分舍不得他离去，因为他盖房子的手艺是镇上最好的，再也没有第二个人能够跟他相比。但是他去意已决，老板挽留不住，就请他再盖最后一座房子。老木匠答应了。

最好的木料都被拿出来了，老木匠也马上开始了工作，但是人们都可以看出，老木匠归心似箭，注意力完全没有办法集中到工作上来。梁是歪的，木料表面的漆也不如以前刷得光亮。

房子终于如期建造完成，老板把钥匙交到老木匠的手上，告诉他这是送给他的礼物，以报答他多年来辛苦的工作。

老木匠愣住了，他怎么也没有想到，自己一生建造了无数精美又结实的房子，最后却让自己获得了一件粗制滥造的礼物。

这只是一则故事，然而现实生活中，却有不少人因为缺乏使命感，每天带着一脸的茫然和无奈去工作，茫然地完成上级的任务，茫然地领回工资。因为他们认为，自己所做的，不过是为别人打工而已。很明显，这种消极的工作状态无论对于员工个人还是对整个组织而言，都是极为不利的。一个人被动地应付工作，自然不可能投入全部的热情和智慧，也就不可能在自己的岗位上有所成就。

青少年朋友，现阶段的你最大的使命莫过于学习，努力学习积累科学文化知识，才能用知识武装自己，从而更好地完成自己在未来社会的使命。

哈佛启示

变化繁多的游戏总比单纯游戏来得有趣。同样的道理，如果一个人在做事的过程中能注入热情，再加上工作本身富于变化，那做起事来便会着迷。

兴趣与效率同在

科学研究表明，人一旦对某种活动或某个事物产生兴趣，他就会倾注热情，就能提高从事这种活动的效率。

哈佛大学不仅仅注重让学生吸收先进的科学文化知识，还注重对学生潜力的挖掘和培养。在哈佛，每个教授都会根据学生的兴趣激发他们的热情，进而指引他们走好自己的人生之路。事实上，我们不难看出，很多哈佛人都是在他们感兴趣的领域内发挥自己的才能，最终取得一定成就的。

教授本·沙哈尔在课堂上经常强调说：“通常在越感兴趣的事情里，人就越能发挥自己的天赋，越能做得持久。”同时，兴趣与热情同在，人一旦有了热情，不但动机坚定，连做事效率也会提高。

人们常说“兴趣是最好的老师”，科学家丁肇中用6年时间读完了别人10年的课程，最后终于发现了“J粒子”，是第一位获得诺贝尔奖学金的华人。

记者问他："你如此刻苦读书，不觉得很苦很累吗？"他回答："不，不，不，一点儿也不，没有任何人强迫我这样做，正相反，我觉得很快活。因为有兴趣，我急于要探索物质世界的奥秘，比如搞物理实验，因为有兴趣，我可以两天两夜，甚至三天三夜待在实验室里，守在仪器旁。我急切地希望发现我要探索的东西。"

哈佛教授曾说："热情的态度是做任何事的必要条件。任何学生，只要具备了这个条件，都能获得成功。"

科学研究表明，人一旦对某活动产生了兴趣和热情，就能提高这种活动的效率。古今中外许多科学家、发明家取得伟大的成就的原因之一，就在于由浓厚的认识兴趣所产生的强烈的求知欲望。

任何一个青少年，最主要的任务就是学习，你只有积极主动地学习，才会使你永远立于不败之地。人要勇于驾驭自己的命运，这是成功的要义。如果连学习都需要别人推着前行，摆脱不了对别人的依赖，那么你将永远是一个弱者。

我们熟悉的玛丽·居里夫人的丈夫比埃尔·居里同样是青少年们的榜样，他的经历同样告诉生活中的我们，充满热情地学习，会给你带来无穷的力量。

比埃尔·居里于1859年5月15日生于巴黎一个医生家庭里。他在童年和少年时期，并没有显示出与众不同的聪明。那时候的他在性格上好个人沉思，不易改变思路，沉默寡言，反应缓慢，不适应普通学校的灌注式知识训练，不能跟班学习，人们都说他心灵迟钝，所以从小没有进过小学和中学。

为此，父亲常带他到乡间采集动、植、矿物标本，培养他对自然的浓厚兴趣，使他学到了如何观察事物和如何解释它们的初步方法。居里14岁时，父母为他请了一位数理教师，他的数理进步极快，16岁便考得理学学士学位，进入巴黎大学后两年，又取得物理学硕士学位。1880年，他21岁时，和他哥哥雅克·居里一起研究晶体的特性，发现了晶体的压电效应。1891年，他研究物质的磁性与温度的关系，建立了居里定律：顺磁质的磁化系数与绝对温度成反比。他在进行科学研究中，还自己创造和改进了许多新仪器，如压电水晶秤、居里天平、居里静电计等。1895年7月25日比埃尔·居里与玛丽·居里结婚。

一个人爱好学习，勤奋读书，就会学有所获。比埃尔·居里的成功让我们明白，任何人，只要具备了学习的热情，无论外在条件多么艰苦，他们都能汲取到知识带来的营养。而如果你被动的学习，那么，你只能停留在知识的储存和记忆上而不能正确地运用它，你的学习就是低效或者无效的。正如微软公司全球副总裁李开复说过的，如果我们将学过的知识忘得一干二净，最后剩下来的东西就是教育的本质了。所谓“剩下来的东西”，是指自学的能力，也就是举一反三或无师自通的能力。

总之，青少年朋友们，你只有对学习感兴趣，才能把心理活动指向和集中在学习的对象上，使感知觉活跃，注意力集中，观察敏锐，记忆持久而准确，思维敏锐而丰富，激发和强化学习的内在动力，从而调动学习的积极性。

人生路需要自己走，学习的过程同样如此。学习是一件幸福的事，只有具备这样的心态学习，把学习当成人生乐事，你才能孜孜不倦追求知识，才能有所作为。

为此，每一个青少年，你都需要有意识地培养自己对学习的热情，对此，你可以做到：

1. 积极期望

积极期望就是从改善学习者自身的心理状态入手，对自己不喜欢的学习内容充满信心，相信它是非常有趣的，自己一定会对它产生信心。想象中的“兴趣”会推动我们认真学习它，从而逐渐对学习产生兴趣。

2. 从可以达到的小目标开始

在学习之初，确定小的学习目标，学习目标不可定得太高，应从努力可达到的目标开始。不断的进步会提高学习的信心。

3. 了解学习目的，间接建立兴趣，培养热情

学习目的，是指你要明白学习的结果是什么，为什么要学习。学习过程多半都是要经过长期艰苦努力的，这种艰巨性往往让人望而却步，所以要认真了解学习的目的。如果你能对学习的个人意义及社会意义有较深刻的理解，就会

认真学习，从而对学习产生浓厚的兴趣。

4. 培养自我成功感，以培养直接的学习兴趣

在学习的过程中每取得一个小的成功，就进行自我奖赏，达到什么目标，就给自己什么样的奖励。有小进步，实现小目标则小奖赏，如让自己去玩一次自己想玩的东西；有中进步、实现中目标则中奖励，如买一本自己喜欢的书画或乐器等；有大进步、实现大目标则大奖励，如周末旅游等。这样通过渐次奖励来巩固自己的行为，有助于产生自我成功感，不知不觉就会建立起直接兴趣。

哈佛启示

要想建筑成功的大厦，就必须有先天的或经后天培养而成的兴趣基础。有了兴趣，才有可能培养和形成敏锐的感觉与反映，累积可供运用和发挥的技术与技巧。有了兴趣，才有无穷的动力使你在某个领域当中越钻越深。有了兴趣，才有勤奋，有了勤奋，才成就了辉煌和成功。

有非凡的雄心才能成就非凡的人生

成功者永远有超出众人之外的、敢于力争第一的“雄心”，“雄心”就如同成功道路上的一盏明灯，指引人们永远向着光明的前方奋进。

曾经与很多学者对哈佛人的成功进行了研究，他们发现：成功的哈佛人都有一个共同特点，他们都有自命不凡的雄心。

哈佛人却认为，一个有雄心的人，他的目标是具体的，而梦想则是抽象

的。比如，如想当政治家、将军是理想，想当总统、军长则是雄心。

的确，在哈佛的历史上，雄心造就了多少伟大的人。比如，罗斯福总统。他从小就患有小儿麻痹症，然而，他却通过非比常人的努力克服了这些先天不足，最终获得了美国广泛的人心与支持，成为美国历史上唯一一位连任四任的总统，四次实现了孩提时的雄心！

有梦想，就应该有雄心。同样，青少年朋友，如果你想活出一个不平凡的人生，如果你想成为一个成功的人，那么，从现在起，就尽早为自己树立一个足以为之奋斗的目标吧。一个连想都不敢想的人又怎么会成功呢？

法国著名战略军事家拿破仑曾说过一句军事史上的名言：不想当将军的士兵不是一个好士兵。军衔对一个军人来说，就像是一种身份的象征。因为它彰显着自己的功绩、代表着荣耀。每个士兵都想当将军，这就是一种理念与方向，也是对所谓“雄心”的最好说明。世上成大事者都是因为自己有一颗“想当元帅”的雄心而最后如愿以偿的，否则就会永远平庸下去。其实雄心也就是进取心。

任何伟大而卓越的人，之所以能够永无止境地创造和超越卓越，就在于他有雄心。据研究哈佛毕业生发展的一项调查报告显示，雄心，在哈佛得到了淋漓尽致的体现！哈佛毕业生的一个共同的特点，就是都有着自命不凡的心态和野心！“世界最优秀的人才是我们！”“我能成为世界上最大、最好的公司的CEO！”这种雄心，成为哈佛的宝贵财富，造就了一批又一批政治家、科学家和工商管理精英！

哈佛学子比尔·盖茨的格言是：“我应为王。”即使是屈居第二，对他来说，也是不可忍受的。他曾经对他童年要好的朋友说：“与其做一株绿舟中的小草，还不如做一棵秃丘中的橡树，因为小草任人践踏，而橡树昂首天穹。”

在学习上，盖茨一直是出色者。在读中学时，他的数学成绩最好的。即便是他后来上了哈佛，他在数学学习上也一直是佼佼者。有人断言，如果后来，盖茨能在数学上继续发展，他也会成为一名优秀的数学家。可是，他不甘人后，他发现，还有几个同学在数学方面比他更胜一筹，于是，他放弃专攻数学的打算。因为它有一个信条：在一切事情上，不屈居第二。他的同学回忆说：“比尔不管做什么事情都要弄它个登峰造极，不到极致决不甘心。”

这种要成为杰出者的欲望，盖茨在小时候就已经表现出来了。他的同学曾回忆说：“任何事情，不管是演奏乐器还是写文章，除非不做，否则他都会倾其全力花上所有的时间来完成。”

盖茨读四年级时，老师给他布置了一道作业，要学生写一篇四五页长的关于人体特殊作用的文章，结果，盖茨一口气写了30多页。又有一次，老师叫全班同学写一篇不超过20页的短故事，而盖茨却写了100多页。

可见，盖茨之所以能成为软件霸主，聪明并不是第一位的，他不愿屈居第二的野心才是真正成功的动力。

为什么在现实中有些人受人敬重，有些人被人看不起甚至被人踩在脚下？前者是因为他们有雄心，凡事努力；而后者，他们得过且过，即使掉在队伍后面，也不奋起直追，这就注定了这类人无法成大事。有雄心，是一种积极向上的心态，它为所有人创造了一种前进的动力。在很多时候，成功的主要障碍，不是能力的大小，而是我们的心态。

安踏有限公司总裁丁志忠立志要做世界鞋王，作为国内第一个用体育明星做广告的运动鞋企业，丁志忠被称为“第一个吃螃蟹”的人，随后几年，安踏始终保持着领先地位。丁志忠说，安踏不会做中国的耐克，而是要做中国的安踏、世界的安踏。

这个故事告诉所有青少年朋友，如果你认为自己只具有鞋匠的天赋，你也应该争取做世界上首屈一指的制鞋大王。

当今社会，人与人之间的竞争越发激烈。每个青少年都必须具备竞争意识。而如果你们想提升竞争力，在竞争中脱颖而出并走向成功的话，还必须具备一个前提条件，那就是志向和“雄心”，这是每个男孩不断努力、不断进取的动力。相反，不想做得更好，就会做得更差。如果你自甘沉沦，不追求卓越，懒得提高自己的能力，那么，你是不会有所进步的。

哈佛启示

“雄心”是人类行为的推动力，人类通过拥有“雄心”，可以有力量攫取更多的资源。没有志向的人是可悲的，就像一只无头苍蝇，不知道前方的路在哪里。

学习失败，否则失败于学习

一个人所能犯下的最大错误，就是他害怕犯下错误。只要你不放弃尝试，不断地尽自己最大的力量，你便是在创造成功。

哈佛大学教授泰勒本·沙哈尔在举行的中美学生领袖峰会上说了一句话：“学习失败，否则失败于学习。”他这句话的含义是，年轻人不要害怕失败，失败并不是什么坏事，失败能帮助年轻人更快地成长。另外，他说，每个人都必须经历蹒跚学步才能走出优美的步伐；同样，一个人，也只有经历无数次失败才能最终成功。

所有的青少年朋友们，你也应记住泰勒本·沙哈尔的话，失败也是人生的宝贵经验。诚然，经历失败是一种痛苦，因为失败常常使人走投无路，寸步难行，失败常常会使人失去生活的乐趣甚至生存的希望。但有过失败体验的人，都不会忘记在生活泥潭里奋力挣扎的情景。当你战胜失败之后，这由失败带来的痛苦往往也会变为千金难买的人生财富。

的确，可能现在的你对未来的人生路还有很多困惑，对此，本·沙哈尔说：失败并不可怕，要想提高成功的概率，唯一的办法就是把失败的概率提高两倍。

林肯在竞选参议员落败后说：“此路艰辛而泥泞。我一只脚滑了一下，另一只脚因而站不稳；但我缓口气，告诉自己：这不过是滑一跤，并不是死去而爬不起来。”在人生的旅程上，有谁是一帆风顺的呢？那些成功者又何尝不是经历了不计其数的坎坷呢？成功是来之不易的，成功是建立在无数次失败之上的，没有那数不尽的经验总结，成功从何而来？

拿破仑曾说：“不会从失败中找寻教训的人，他们的成功之路是遥远的。”

在哈佛的课堂上，奥托·瓦拉赫的成才故事也被教授们提起。

奥托·瓦拉赫是诺贝尔化学奖获得者，他的成才历程极富传奇色彩。

瓦拉赫在开始读中学时，父母为他选择的是一条文学之路，不料一个学期下来，老师为他写下了这样的评语：“瓦拉赫很用功，但过分拘泥，这样的人即使有着完美的品德，也绝不可能在文学上发挥出来。”

此时，父母只好尊重儿子的意见，让他改学油画。可瓦拉赫既不善于构图，又不会润色，对艺术的理解力也不强，成绩在班上是倒数第一，学校的评语更是令人难以接受：“你是绘画艺术方面的不可造就之才。”

面对如此“笨拙”的学生，绝大部分老师认为他已成才无望，只有化学老师认为他做事一丝不苟，具备做好化学实验应有的品格，建议他试学化学。

父母接受了化学老师的建议。这不，瓦拉赫智慧的火花一下被点着了。文学艺术的“不可造就之才”一下子变成了公认的化学方面的“前程远大的高材生”。在同学中，他遥遥领先……

这则故事中，瓦赫拉如果没有经受文学和绘画上的失败，又怎么能发现自己在化学上的天赋呢？瓦拉赫的成才故事告诉青少年朋友，你所经历的一切都是有意义的，学着从失败中总结经验和教训，你就能获得成长。

爱迪生曾深有感触地说：“失败也是我需要的，它和成功一样有价值。只有在我知道一切做不好的方法之后，我才知道做好一件工作的方法是什么。”哈伯德也曾说：“一个人所能犯下的最大错误，就是他害怕犯下错误。只要你不放弃尝试，不断地尽自己最大的力量，你便是在创造成功。假使你没有获得你想要的成果，你就将其视为一个不理想的结果，而不是失败，然后从中学习，改进你的行为再试一次。”人都是活在现实中的，特别是那些人生刚刚开始的青少年朋友，无论做什么，你都不要害怕失败，因为失败并不是什么坏事。

生活中，无论做什么，遭遇失败都是极为平常的事，而那些遭遇一次失败就灰心丧气的人是不会有大作为的，在他们的眼里，失败会让他们失望，让他们产生挫败感，而这种观念，一旦统治了一个人的头脑，那他会在无形中将自己置于失败的深渊，永远不能自拔。

要知道，没有人能随随便便成功，成功总是在历经失败之后才姗姗来迟。成功也总是会青睐那些有承受能力的人。

任何一个青少年朋友，都应该从小端正自己面对失败时的心态。失败是强者的垫脚石，它能帮助人们认识到自身的不足，进而查缺补漏，从而获得成长。失败更是弱者的墓志铭，弱者一旦遭遇失败，就唯唯诺诺、不敢尝试。事实上，没有什么失败，失败仅仅存在于失败者的心中，只有屡败屡战的人才是真的英雄，才能真正体会享受成功的喜悦。失败是一所最磨炼人的大学，从失败中学到的东西更为可贵！

哈佛启示

任何失败中都蕴藏着极其丰富的经验教训，都是不可多得的人生教材。从失败的教训中学到东西，往往比从成功中学到的还要深刻。

认真、充实地过好每一天

只要你把握好当下的每一天，珍惜时间努力提升自己，把所有的设想、计划、要求、标准都付诸行动，你的人生境界就会获得一个质的提升。

在哈佛大学，每一位学子都会以这样一句话为自己的座右铭——每一天都做最好的自己。很多哈佛人之所以能以优异的而成绩考入哈佛、从哈佛毕业并在自己的领域取得成就，就是因为他们相信努力、勤奋的力量，成功没有捷径，为此，他们会认真、努力过好每一天。

哈佛作为一个培养成功者的学校，深知对真理的执着是建立在对知识和科学的渴求基础上的。哈佛人认为，懒惰是最大的罪恶，上帝永远保佑那些起得最早的人。在哈佛，每个学生都利用有限的时间学习最多的东西。没有人闲散偷懒，甚至没有人会容忍偷懒的行为。在这里，勤勉已经变成了一种自觉的行为。

同样，任何一个意气风发的青少年，对于自己的未来，都满怀信心，并树立了伟大的理想，理想能指导行动，让你的努力都有一个明晰的主线，但对于未来的憧憬，你必须落实到今天的努力中。如果你每天都在展望自己的未来而不踏实工作、生活的话，那么，只能让心智沉浸其中，只会陷入人生的陷阱。

有首古诗说得好，“明日复明日，明日何其多，我生待明日，万事成蹉跎。”任何一个青少年朋友，都应该把眼光着眼于当下，只有把每一天过得实在有意义，把每一天的学习任务及时完成了，才能在每一天悄悄地成长，慢慢地长大。当你回过头来的时候，你会惊讶地发现，原来自己的每一天过得是这样的充实，你会为自己而感到骄傲和自豪。

约翰·霍普金斯学院的创始人威廉斯勒曾经是英国医学院的一名学生，他的成功来自于他老师的一句话。

那还是1871年的春天的事情，那时候，威廉斯勒正处在心情烦躁之中，因为他不知道如何处理远大的理想和具体的身边小事之间的关系，也不知道自己该如何做事才能成功，于是，他去请教他的老师，老师告诉他：“最重要的，就是不要去看远方模糊的，而要做手边最具体的事情。”他这才恍然大悟：是啊，不论多么远大的理想，都需要一步步实现啊；不论多么浩大的工程，都需要一砖一瓦垒起来啊。

也就是从那一天开始，威廉斯勒开始埋头读书，两年以后，威廉斯勒以全校最优异的成绩毕业。毕业后来到一家医院做医生。他认真对待每一个患者，对每一次出诊都一丝不苟。兢兢业业的态度和精益求精的精神，使他很快成了当地的名医。几年以后，他创办了约翰·霍普金斯学院。他把自己的人生态度贯彻到每一个细节里。许多专家学者慕名来到他的学院工作，使他的学院很快成为英国乃至世界最知名的医学院。威廉斯勒总是告诉他身边的人：最重要的是把你手边的事情做好，这就足够了。

威廉斯勒为什么能成功？因为他从老师的话中悟出，一个人，只有踏实、努力、充实好每一天，把自己的人生态度贯彻到每一个细节中，由量的积累达到质的飞跃，才能将理想化为现实。

现代社会，知识改变命运这个道理早已毋庸置疑，时代正在急速发展，各种技术日新月异，已经对生活在这个时代的人提出了新的学习要求，但无论何时，勤奋永远是任何一个青少年应该摆在第一位的学习态度。如果你没有时刻学习的意识，不通过学习了解掌握新技术，那么你跟不上时代的发展是必然的。

为此，你必须要做到两点：

1. 紧紧抓住时间骏马的缰绳

一个人只有珍惜当下、充分利用好当前的时间，才不致做到白首方悔读书迟。要知道，未来再美好，若不注重脚下的路，那么，你也走不到未来。

2. 科学地安排好时间

会安排时间的人，会把最重要的事安排在头脑最清晰的时间段，这样，效率就会事半功倍。俗话说，“好钢用在刀刃上”，在时间的安排上亦是如此。

的确，今天不过去，明天就不会来到，再伟大的理想，如果没有一天一天的累积，也会倾塌。在生活中，输得最惨的往往是些聪明人而不是笨人。原因就在于笨人知道自己不够聪明，只能靠苦干、实干才能创造好的生活，最终他们如愿以偿了。而聪明人做事时则不肯下力气，总想着耍小聪明，投机取巧，所以往往输得很惨。所以智慧和实干比起来，实干更加不可或缺。

每个青少年，你的人生才刚刚开始，若想获得一个成功的人生，不仅要积累基础知识，更要修炼成功的素养，心态改变命运，活好当下，全身心投入你现在的生活和学习才是基础。未来靠的是现在，现在做什么，怎样做，要达到什么目标，才能决定未来是怎样。因此，你要记住，不要急功近利，努力、认真过好每一天，明日自然就会来到；如此持之以恒，五年、十年过去就会结出硕果。

哈佛启示

在当今这个生活节奏紧张的时代里，人们似乎每天都没有充裕的时间去做完想做的事，所以许多念头就此打消了。但世界上仍有许多人坚持每天至少挤出一小时的时间来发展自己。

参考文献

[1] 余闲.活在珍贵的人间：哈佛精英的人生规划[M].武汉：武汉出版社，2011.

[2] 墨墨.哈佛大学经典法则：精英是如何炼成的[M].北京：华文出版社，2011.

[3] 威廉·贝纳德.哈佛家训：一位哈佛博士的教子课本[M].北京：中国妇女出版社，2007.